智能制造领域高素质技术技能人才培养系列教材

电机与电气控制技术

主编　王本轶

参编　沈彦利　刘喜双

机械工业出版社

本书分为主教材和实训工作页两部分。

主教材分为五章，分别是电磁学基础及常用电磁机构、常用低压电器、三相异步电动机及其控制、直流电动机及其控制、单相异步电动机及控制电机。每章后均附有习题，供读者进一步巩固所学的内容。

实训工作页共有六个实训项目，分别是三相异步电动机的可逆运行、三相异步电动机的丫-△减压起动、使用 ATV340 变频器控制异步电动机做速度闭环控制、他励直流电动机的起动及反转、他励直流电动机的制动、他励直流电动机的调速。

本书可作为高职高专院校电气自动化技术、机电一体化技术等专业的理论教学和实训教学用书，也可作为相关专业技术人员的培训和自学用书。

为方便教学，本书配有免费的电子课件、电子教案及习题答案等，凡选用本书作为授课教材的教师，可登录 www.cmpedu.com，注册后免费下载，或来电（010-88379564）索取。

图书在版编目（CIP）数据

电机与电气控制技术/王本轶主编. —北京：机械工业出版社，2020.12
（2024.1 重印）
智能制造领域高素质技术技能人才培养系列教材
ISBN 978-7-111-66949-4

Ⅰ.①电… Ⅱ.①王… Ⅲ.①电机学-高等职业教育-教材②电气控制-高等职业教育-教材 Ⅳ.①TM3②TM921.5

中国版本图书馆 CIP 数据核字（2020）第 228403 号

机械工业出版社（北京市百万庄大街 22 号 邮政编码 100037）
策划编辑：冯睿娟 责任编辑：冯睿娟 王 荣
责任校对：郑 婕 封面设计：鞠 杨
责任印制：单爱军
北京虎彩文化传播有限公司印刷
2024 年 1 月第 1 版第 6 次印刷
184mm×260mm · 12.75 印张 · 306 千字
标准书号：ISBN 978-7-111-66949-4
定价：46.00 元

电话服务 网络服务
客服电话：010-88361066 机 工 官 网：www.cmpbook.com
 010-88379833 机 工 官 博：weibo.com/cmp1952
 010-68326294 金 书 网：www.golden-book.com
封底无防伪标均为盗版 机工教育服务网：www.cmpedu.com

前　言

　　本书为适应高等职业教育的不断发展，针对高职高专院校电气自动化技术、机电一体化技术等专业学生的培养目标和岗位技能要求，以高职院校培养高素质技术技能人才的目标为宗旨，在充分体现理论内容"必需、够用"的原则以及突出应用能力和综合素质培养的前提下编写而成。

　　编者除多年从事机电设备控制技术领域的教学外，还在相关企业从事该领域工作近十年，积累了许多相关领域的工程实践经验，力求在本书编写过程中将其体现出来，同时紧跟技术发展，将最新的技术融入书中。比如，在低压电器领域，当下已经是有触头的电磁式电器和无触头的电子电器并存的状态，因此本书对电子电器加以介绍。再比如，电动机的变频调速已广泛应用，因此本书也以一定篇幅加以讲述。

　　本书在编写时考虑到高职院校学生的自身特点，在内容安排上做到由浅入深、通俗易懂、理论联系实际及注重应用，力求把问题分析得详尽透彻。全书前后行文风格一致；文字规范、简练；语句通顺流畅，条理清楚，可读性强；标点符号、计量单位等使用规范正确；图文并茂，配合得当；图表清晰、美观，图形绘制和标注规范，缩比恰当。全书使用的图形符号和文字符号，贯彻了国家标准。

　　本书由王本轶教授担任主编，沈彦利高级工程师、刘喜双副教授参与编写。其中，王本轶编写了第二章、第三章第五~九节和实训三，沈彦利编写了第一章、第三章第一~四节、实训一和实训二，刘喜双编写了第四章、第五章和实训四~实训六。

　　由于编者水平有限，书中难免有不足和错误之处，恳请读者批评指正。

编　者

二维码索引

（续）

（续）

（续）

资源名称	二维码	页码	资源名称	二维码	页码
附录-03-变频器的硬件连接		180	附录-05-变频器的参数设定		181
附录-04-变频器的接口		180	附录-06-变频器的频率给定方法		181

目　录

绪　论

机电设备各式各样，大多集机、电、液和气于一体，即除了必要的机械部分外，其运动常靠电力拖动（采用电动机驱动）、液压传动以及气压传动来实现。人们习惯于把机电设备称为电气设备，其控制系统称为电气控制系统，控制系统所使用的器件被称为电气元件。

液压传动和气压传动也要依靠电动机产生高压液体和气体，因此电动机是电气设备的基本动力来源之一，也是使用相当广泛的器件之一，多数电气设备的控制可以理解为是对其拖动电动机的控制。

本书主教材共分为五章，第一章电磁学基础及常用电磁机构，主要介绍电磁感应定律和电磁力定律（用于阐述发电机和电动机的能量转换原理）、电磁机构（即电磁铁，是电磁式低压电器以及液压阀、气动阀完成动作的主要部件）和三相异步电动机与直流电机的结构。第二章常用低压电器，主要介绍构成继电器-接触器控制系统的常用器件。第三章三相异步电动机及其控制，主要介绍三相异步电动机的机械特性和起动、反转、制动及调速等的实现方式。第四章直流电动机及其控制，主要介绍直流电动机的机械特性和起动、反转及制动等的实现方式。第五章单相异步电动机及控制电机，主要介绍单相异步电动机和常用控制电机的原理及应用。

继电器-接触器控制系统是由继电器和接触器构成的控制系统的简称。随着电力拖动技术的发展，对电动机的控制要求也越来越高，如要求对电动机实施正反转、调速和制动等控制，这就出现了最初的自动控制系统，它们由数量不多的按钮等主令电器、继电器、接触器及保护电器组成。因此作为电气设备的工程技术人员，首先应熟悉构成电气设备控制系统的各种电气元件的作用、功能以及使用方法等。接触器的作用是自动远距离频繁地接通和断开交、直流电动机或其他负载的大电流的主电路；继电器的作用是根据输入信号相应地接通或断开小电流的控制电路，实现远距离自动控制和保护。此外，任何一个控制系统都需要一定的保护电器，用以保护设备或操作人员的安全。常见的保护类型有短路保护、过载及断相保护、负载电流不平衡的保护、过电压（电流）及欠电压（电流）保护、限位保护和互锁保护等。一台电气设备能完成正常的动作却没有必要的各种保护措施也是不能使用的。

最早的继电器-接触器控制系统中使用的电气元件是传统的有触头电器，它们通过能够闭合与断开的触头系统接通与分断电路。现代工业为了进一步提高产品的产量和质量，其控制系统也朝着大型化、自动化、高速、高可靠性和高精度方向发展，于是对构成控制系统的元器件提出越来越高的要求，在这些要求中有些是传统的有触头电器难以满足的，比如响应速度。有触头电器由于自身结构的限制，其固有动作时间很难满足快速响应系统的要求；若用行程开关检测位置则很难满足高精度定位的系统要求。而电子电器采用光电技术，其响应速度完全可以满足快速响应系统的要求；根据电磁感应原理工作的各种无触头开关的位置检测精度也完全满足高精度定位系统的要求。因此，随着电子技术的发展，电气元件本身已发展到传统的有触头电器与电子电器共存的时代。

继电器-接触器控制系统具有使用的单一性，即一套控制系统只能针对某一种固定程序的设备，一旦程序有所变动就得重新配线，因此有逐渐被先进的可编程序控制器取代的趋势。但目前大量的电气设备仍使用这种控制系统，所以依然十分有必要讲述这部分内容，同时它也是学习可编程序控制技术的基础。用发展的眼光来看，继电器-接触器控制系统实际上也不会完全被可编程序控制器取代，因为在相对简单的控制系统中，继电器-接触器控制系统具有开发简单、成本较低等优势。

继电器-接触器控制系统可以分为两大部分，其一是主电路，一般是电动机的电源电路，因其电流较大而称为主电路；其二是辅助电路，包括控制电路、照明电路以及指示与信号电路等，其中控制电路是整个电气设备控制系统的核心。电气设备的控制系统往往由一至多个典型的控制环节构成。在熟悉各种典型控制环节的基础上，就可以分析乃至设计较为复杂的控制系统。

在设计电气设备控制系统时，要使用各种符号来表示各种电气元件。符号分为图形符号和文字符号两种，为便于阅图和表达，在电气原理图上往往还要为支路和接线端子标号。在各种技术文件中所使用的图形符号、文字符号以及支路和接线端子标号都必须是符合规范的。

本课程是一门实践性很强的专业课，是在学习了相关的基础理论课程并经过电工劳动实践的基础上开始讲授的，目的是使学生具有较强的基础理论知识和较强的感性认识。

本课程的基本任务是：

1）熟悉拖动电动机的基本结构、工作原理、用途及型号意义，达到能够正确使用和选用电动机的目的。

2）熟悉常用控制电器的基本结构、工作原理、用途及型号意义，包括传统的有触点（头）电器和电子电器，达到能够正确使用和选用控制电器的目的。

3）熟练掌握电气控制电路的基本环节，具有对一般控制电路的分析能力。

4）具备简单的电气设备拖动及控制系统的设计能力，能根据工艺过程和控制要求正确选用拖动电动机及其控制电气元件，并完成电气原理图设计和施工设计，且经调试后可用于生产过程。

第一章
电磁学基础及常用电磁机构

　　电磁学是研究电和磁的相互作用现象及其规律和应用的物理学分支学科。根据近代物理学的观点，磁现象是由运动电荷所产生的，因而在电学的范围内也必然不同程度地包含磁学的内容。所以，磁学和电学的内容很难截然划分，而"电学"这一名称有时也就作为"电磁学"的简称存在。电磁学从原来互相独立的两门科学（电学、磁学）发展成为物理学中一个完整的分支学科，主要是基于两个重要的实验发现，即电流的磁效应和变化磁场的电效应。这两个实验现象加上麦克斯韦关于变化电场产生磁场的假设即奠定了电磁学的整个理论体系，进而发展出了对现代文明起重大影响的电工和电子技术。发电机、电动机以及常用的各种电磁机构的理论基础都是电磁学。

第一节　电磁学基础

知识目标	➤了解磁场的产生。 ➤了解铁磁材料的磁化过程及特点。 ➤理解电磁感应定律。 ➤理解电磁力定律。
能力目标	➤会应用"右手定则"判断导体切割磁力线产生感应电动势的方向。 ➤会应用"左手定则"判断通电导体在磁场中的受力方向。

要点提示：

　　磁场分为永久磁体磁场和电磁场，电机控制过程主要应用的是电磁场。不同铁磁材料的磁化性质决定了它们在实际中的应用。电磁感应定律和电磁力定律是研究电磁关系的重要方法，必须熟练掌握。

　　研究电机控制理论离不开必要的磁场知识。本节主要讲述磁场的产生及衡量磁场的物理量、物质磁化的过程及常用的铁磁材料、电磁感应定律和电磁力定律等基本知识。

一、磁场

　　磁场分为永久磁体磁场和电磁场两种。永久磁体磁场是指自然界中被磁化的能永久保持稳定磁场的物质。如一块常见的条形永久磁体具有 N 极和 S 极，在其内部及四周存在磁场，磁力线分布如图 1-1 所示。磁力线构成一个闭合的环路，其切线方向表示磁场方向，磁极外部由 N 极到 S 极，磁极内部由 S 极到 N 极。磁力线越密集处磁场越强，由此可知磁极端部的磁场最强。通电导线的四周会产生磁场，如图 1-2 所示。将一根导线垂直穿过纸板，在纸板上撒一些铁屑，然后使电流通过导线，并轻敲纸板，铁屑在磁场的作用下，会有规则地围绕导线形成许多同心圆，用小磁针测定，小磁针的 N 极指向磁力线的切线方向。若导线中电流方向改变，小磁针的方向也随之改变，这说明通电导线四周有磁场产生，磁场的方向可用右手螺旋定则判断，如图 1-3 所示，用右手握住导线并把大拇指伸出，使大拇指指向电流方向，则环绕导线的四指方向就是通电导线周围磁场的方向。

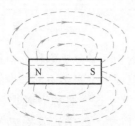

图 1-1　永久磁体磁场

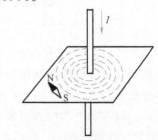

图 1-2　通电导线磁场

在电动机中需要的磁场一般不是用永久磁体产生的，而是采用通电线圈（即励磁绕组）产生的。通电的空心线圈产生磁场情况如图 1-4 所示。也可应用右手螺旋定则判断磁场，即弯曲的四指与线圈电流方向一致，则大拇指的指向就是磁场的 N 极。一般在通电的空心线圈中加入铁心，可以使磁通集中在铁心中，减小了磁路的磁阻，在交、直流电机以及变压器中有着广泛的应用。图 1-5 所示为通电的线圈中磁场情况。

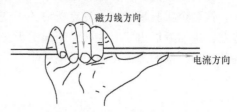

图 1-3　通电导线磁力线方向的判断

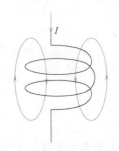

图 1-4　通电空心线圈中的磁场

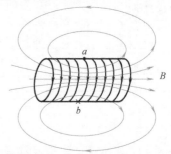

图 1-5　通电的带铁心线圈中的磁场

在电磁学中，一般用磁感应强度（Magnetic Flux Density）来表征磁场的强弱和方向，常用符号 B 表示。磁感应强度是描述磁场强弱和方向的基本物理量，它是矢量，也被称为磁通量密度或磁通密度。磁感应强度 B 在数值上等于垂直于磁场方向长 1m、电流为 1A 的导线所受磁场力的大小，即 $B = F/IL$，其单位为特斯拉，常用符号 T 表示。

二、磁化及铁磁性材料

1. 磁化和退磁

日常生活中常见的缝衣针、螺钉旋具等钢铁物体，与磁体接触后就会显示出磁性，我们把金属材料与磁体接触后显示出磁性的现象称为磁化。如果原来有磁性的物体，经过高温、剧烈振动或者逐渐减弱的交变磁场的作用而失去磁性，这种现象称为退磁。

（1）铁磁性物质的磁化　当把一根铁棒插入通有电流的线圈时，可以发现铁棒能够吸引铁屑，这是由于铁棒被磁化的缘故。只有铁磁性物质能够被磁化，非铁磁性物质不能被磁化。铁磁性物质能够被磁化的主要原因是其内部存在大量的磁性小区域，即磁畴。在无外加磁场作用时，铁磁物质中磁畴的排列杂乱无章，磁性相互抵消，物质对外界并不显磁性。但是在外加磁场作用下，磁畴将沿着磁场的方向排列，从而产生附加磁场，如图1-6所示。附加磁场与外加磁场叠加在一起，使得总磁场增强。有些铁磁性物质在去掉外磁场后对外仍可长期显示磁性，于是它们就变成了永久磁体。

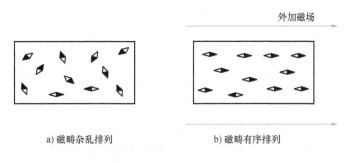

a) 磁畴杂乱排列　　　　　b) 磁畴有序排列

图 1-6　铁磁性物质的磁畴

（2）磁化曲线　铁磁性物质在外加磁场作用下，其内部将产生磁场。表征铁磁性物质内磁感应强度 B 随外加磁场强度 H 变化的曲线称为磁化曲线，也称为 B-H 曲线。铁磁性物质从完全无磁的状态变为磁化状态所得到的磁化曲线就称为起始磁化曲线。磁化曲线是非线性的。起始磁化曲线应经过坐标原点，如图1-7所示。

在磁化曲线起始的 Oa 段，曲线上升缓慢，这是由于铁磁物质内部磁畴的惯性造成的，这个阶段称为起始磁化阶段。随着 H 的增大，B 也增大，磁化曲线中 ab 段的变化接近于直线，这是由于大量的磁畴在外磁场作用下开始沿着磁场的方向排列，附加磁场增强。然后，在 bc 段，随着 H 的增大，B 也增大，但增大的速度变慢，这是由于铁磁性物质内部只剩下了少数的磁畴尚未磁化。最后，在 cd 段，由于铁磁性物质几乎全部被磁化，继续增大 H，B 也几乎没有变化，即 B 达到了饱和值。不同的铁磁性物质具有不同的磁化曲线。

（3）磁滞回线　磁化曲线只反映了铁磁性物质在外磁场由零逐渐增强时的磁化过程。但在实际使用中，许多铁磁性材料往往工作在大小和方向交替变化的磁场中，这时由于铁磁性物质具有的滞后效应和黏滞性，使得 B 的值不仅与相应的 H 有关，还与物质之前的磁化状态有关。

实验表明，如果 B 达到饱和值后，逐渐减小 H，这时 B 并不是沿着图1-7中的磁化曲线减小，而是沿着另一条曲线下降，即如图1-8所示的 de 段。当 H 减小至零时，B 的值不是零，而是 B_r，B_r 即为剩磁。

为了消除剩磁必须施加反向的磁场。当反向磁场由零增大到 H_c 时，B 的值为零。H_c 称为矫顽力，它反映了铁磁性物质保持剩磁的能力。继续增大反向磁场，B 的值将从零变为负值，即 B 的方向发生改变，铁磁性物质被反向磁化。反向磁化使 B 达到饱和值后，减小反向磁场，磁化曲线将沿 gk 段变化，在 k 点处 H 为零。继续增大正向磁场，磁化曲线将沿 khd 段变化。从磁化的整个过程可以看出，B 的变化总是落后于 H 的变化，这种现象称为磁滞现象。磁化过程所形成的闭合的、对称于原点的曲线 $defgkhd$ 称为磁滞回线。

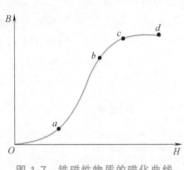

图 1-7 铁磁性物质的磁化曲线   图 1-8 磁滞回线

2. 铁磁性材料

铁、钴、镍以及它们的合金，还有一些氧化物，磁化后的磁性比其他材料强得多，这些材料称为铁磁性材料，也称为强磁性材料。铁磁性材料的结构与其他材料有所不同，材料是由原子构成的，原子则是由原子核和电子构成的，电子绕原子核旋转，铁磁性材料内部的电子除上述性质外还可以自旋，即可以在小范围内自发地排列起来形成一个自发的磁化区，这就相当于一个小磁体，称之为磁畴。磁化前，各个磁畴的磁化方向不同，杂乱无章地混在一起，各个磁畴的作用在宏观上互相抵消，物体对外不显磁性。在磁化过程中，由于外加磁场的影响，磁畴的磁化方向有规律地排列起来，使得磁场大大加强。这个过程就是磁化的过程。高温下，铁磁性材料的磁畴会被破坏。在受到剧烈振动时，磁畴的排列也会被打乱，这些情况下材料会产生退磁现象。有些铁磁性材料在外加磁场撤去以后，各磁畴的方向仍能很好地保持一致，材料具有很强的剩磁，这样的材料称为硬磁性材料；有的铁磁性材料在外加磁场撤去以后，磁畴的磁化方向又变得杂乱，材料没有明显的剩磁，这样的材料称为软磁性材料。永磁体要有很强的剩磁，所以要用硬磁性材料制造。电磁铁要在通电时有磁性，断电时失去磁性，所以要用软磁性材料制造。

三、电磁感应定律

1. 感应电动势的大小

如图 1-9 所示，将一根导体置于磁场中，导体两端接一个电流表构成闭合回路。当导体向上运动时，导体切割磁力线，这时电流表指针发生偏转，说明在导体中产生了电流，这种现象称为电磁感应现象。电磁感应定律正是基于法拉第在 1831 年所做的上述实验提出的。感应电动势的大小可以用公式 $E = Blv$ 来计算，式中 B 为磁感应强度，l 为导体的有效长度，v 为导体运动速度。闭合回路面积不变而改变磁感应强度，磁通量也会改变，也会发生电磁感应现象，这说明感应电动势的大小跟穿过这一电路的磁通量的变化率成正比。

2. 感应电动势（电流）的方向

（1）楞次定律 楞次定律（Lenz's law）是一条电磁学的定律，可以用来判断由电磁感应而产生的电动势的方向。它是由俄国物理学家海因里希·楞次（Heinrich F. Lenz）在1834年发现的。楞次定律可以表述为：感应电流具有这样的方向，即感应电流产生的磁场总要阻碍引起感应电流的磁通量的变化。简单地说就是"来拒去留"的规律。

（2）右手定则　感应电动势（电流）方向判断定则如图1-10所示，伸开右手，使大拇指与其余四指在同一平面内并与四指垂直，让磁力线方向垂直穿入手心，使大拇指指向导体运动的方向，这时四指所指的方向就是感应电动势（电流）的方向。

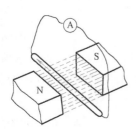

图 1-9　电磁感应现象

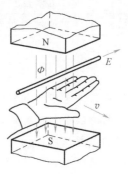

图 1-10　感应电动势方
向判断定则

四、电磁力定律

通电导体在磁场中要受到电磁力的作用，如图1-11所示，一根通电导体置于磁场中，当它在磁场中所处位置不与磁力线平行时，将受到磁场的一个推动导体运动的力 F 的作用，其大小可用公式 $F=BIl$ 来计算，式中 B 为磁感应强度，l 为导体的有效长度，I 为导体中的电流。导体受到的力 F 的方向可按左手定则判断，如图1-12所示，左手伸开，四指并拢，大拇指与四指方向垂直，磁力线垂直穿过手心，四指指向电流方向，则大拇指指向该通电导体的受力方向。

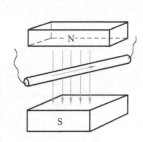

图 1-11　磁场对通电导体的作用

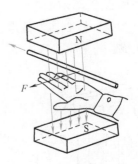

图 1-12　受力方向的判断

简单归纳一下右手定则与左手定则的区别：右手定则是"因动而生电"，左手定则是"因电而受力"。关于磁场对运动电荷、电流的作用力方向，应用左手定则来判断；关于部分导体切割磁力线运动产生感应电动势的方向，应用右手定则或楞次定律来判断。

第二节　低压电器的电磁机构

知识目标	➢了解电磁机构的工作原理。 ➢了解电磁机构的结构。 ➢了解电磁机构的吸力特性。 ➢了解单相交流电磁机构短路环的原理。
能力目标	➢会判断电磁机构吸力与气隙和线圈电压(电流)之间的关系。

要点提示:

电磁机构是各类电磁式电器的重要组成部分,是各种电磁式电器以及液压阀、气动阀、电磁离合器和电磁制动器等完成动作的动力来源,其主要作用是将电磁能转换为机械能,由电磁铁心和励磁线圈组成。

电磁式低压电器主要由两部分组成,即感测部分和执行部分。感测部分为电磁机构,用来接收外界输入的信号,并通过转换、放大与判断做出一定的反应,使执行部分(触头系统)动作,以实现控制的目的。

1. 电磁机构的结构形式

电磁机构是各类电磁式电器的重要组成部分,是各种电磁式电器完成动作的动力来源,主要作用是将电磁能转换为机械能。电磁机构由线圈、铁心(静铁心)和衔铁(动铁心)三部分组成,其结构形式有以下三种:

(1)衔铁沿轴转动的拍合式　其结构如图1-13a所示,多用在触头容量较大的交流电器中,其铁心形状有U形和E形两种。

(2)衔铁沿棱角转动的拍合式　其结构如图1-13b所示,这种形式广泛应用于直流继电器和直流接触器中。

(3)衔铁直线运动的直动式　其结构如图1-13c所示,分为单E形(仅铁心为E形)和双E形(衔铁、铁心均为E形)两种,多用于交流接触器、继电器以及其他交流电磁机构的电磁系统。

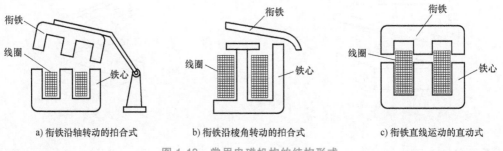

a)衔铁沿轴转动的拍合式　　　b)衔铁沿棱角转动的拍合式　　　c)衔铁直线运动的直动式

图1-13　常用电磁机构的结构形式

2. 线圈

线圈的作用是将电能转换成磁场能量。根据励磁的需要,线圈可分为串联型和并联型两类。其中串联型线圈为电流线圈,并联型线圈为电压线圈。电流线圈使用时串联在电路中，为保证其分压足够小，应使其具有较小的阻抗，所以用较粗的铜线或扁铜条绕制而成，且匝数较少，故其特点是粗而短；电压线圈使用时并联在电源上，为使其分流足够小，线圈用较细而绝缘性能良好的漆包线绕制而成，且匝数较多，故其特点是细而长。按通入电流种类不同，线圈又可分为交流和直流两种，对于直流线圈，因其铁心不发热而只有线圈发热，所以直流线圈不设线圈骨架，且把线圈做成高而薄的细长型，使线圈与铁心直接接触，利于线圈散热；交流线圈多制成短而厚的矮胖型，且用骨架将线圈和铁心隔开，这是因为交流电磁铁的铁心存在磁滞和涡流损耗，铁心和线圈都会发热。对于使用者而言，电流线圈一定要串联在电路中，并通过种类和大小合适的电流；电压线圈一定要并联在电路中，并施加种类和大小合适的电压。

3. 电磁机构的吸力与吸力特性

电磁机构按其线圈中通过的电流种类分为直流与交流两大类，分别称为直流电磁机构和交流电磁机构，也叫直流电磁铁和交流电磁铁。通常直流电磁铁的铁心是用整块的铸铁或铸钢制成的，而交流电磁铁因铁心存在磁滞和涡流损耗，其铁心用硅钢片叠压而成。

电磁吸力与气隙的关系曲线称为电磁铁的吸力特性。

（1）直流电磁铁的吸力特性　当给直流电磁铁的线圈加上直流电压时，线圈中便有了励磁电流，使磁路中产生了密集的磁通，该磁通作用于衔铁，在电磁吸力作用下使衔铁与铁心吸合。

图 1-14a 为直流电磁铁的吸力特性。图中曲线 1 为 IN_1 磁动势下的吸力特性，曲线 2 为 IN_2 磁动势下的吸力特性，且 $IN_1 > IN_2$。由于直流电磁铁的线圈电阻为常数，当外加工作电压不变时，线圈电流也是常数，其磁动势（励磁电流与线圈匝数的乘积，单位为安·匝）同样为常数，在这种情况下，其电磁吸力与气隙大小的二次方成反比，气隙越大，电磁吸力越小；相反气隙越小，电磁吸力越大。即直流电磁铁在恒定磁动势下只与气隙的二次方（δ^2）成反比，因此吸力特性为二次曲线状。图中 δ_1 为衔铁闭合后的气隙，δ_2 为衔铁打开后的气隙，衔铁气隙减小的过程是电磁吸力加大的过程。当通过外加电压使电磁铁的磁动势增大时，其在行程中任一位置上的电磁吸力也增大。应当注意的是在衔铁吸合的过程中及其吸合以后的线圈电流基本不变。

由直流电磁铁的吸力特性可知，线圈励磁电压的高低，衔铁行程的长短，都将影响电磁铁的吸力特性，从而影响电磁铁的工作性能。

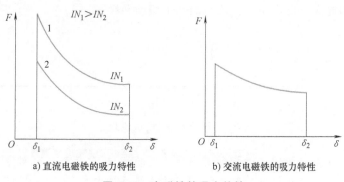

a）直流电磁铁的吸力特性　　　　　b）交流电磁铁的吸力特性

图 1-14　电磁铁的吸力特性

（2）交流电磁铁的吸力特性　交流电磁铁在线圈工作电压一定的情况下，铁心中的磁通幅值基本不变，所以铁心与衔铁间的电磁吸力也基本不变。因而交流电磁铁的吸力特性一般比较平坦，如图 1-14b 所示。它与直流电磁铁的区别在于：交流电磁铁在电压（有效值）已定的情况下，励磁电流（有效值）的大小主要取决于线圈的感抗，在电磁铁吸合的过程中，随着气隙的减小，磁阻也减小，线圈的感抗增大，励磁电流减小，即励磁电流的大小是

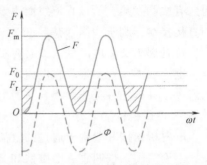

随着气隙的改变而变化的。在线圈吸合的过程中，线圈电流逐渐减小，至吸合后达到稳定电流，因此在吸合过程中存在较大的瞬时冲击电流，严重时为稳定电流的 10 倍以上。故交流电磁铁如果在吸合的过程中出现卡死或运动不畅等现象就比较容易被烧毁。此外由于交流电磁铁在吸合后的励磁电压是按正弦规律变化的，所以它的气隙磁通也按正弦规律变化，而电磁吸力与磁通的二次方成正比，故其吸力曲线如图 1-15 所示。

图 1-15　交流电磁机构吸力曲线

电磁机构在工作过程中，衔铁始终受到复位弹簧、触头弹簧的反作用力及其他阻力之和 F_r 的作用。尽管电磁吸力的平均值 F_0 大于 F_r，但在某些时候，吸力仍将小于 F_r（见图 1-15 中的阴影部分）。这使衔铁产生释放趋势（因吸力的平均值大于反力，且脉动的频率较高，不可能产生释放效果），从而使衔铁振动并发出噪声，这种情况应采取措施加以消除。

为消除振动和噪声，可在电磁铁的铁心和衔铁的两个不同端部各开一个槽，槽内嵌装一个用铜、铜镍合金或镍铬合金材料制成的短路环（又称分磁环），如图 1-16 所示。短路环把铁心中的磁通分为两部分，即不穿过短路环的 Φ_1 和穿过短路环的 Φ_2，且 Φ_2 滞后 Φ_1，即 Φ_1 和 Φ_2 不同时为零，则由 Φ_1 和 Φ_2 产生的电磁吸力也不同时为零，如果短路环设计合适，使 Φ_1 和 Φ_2 的相位差也较为合适，就可以保证合成吸力

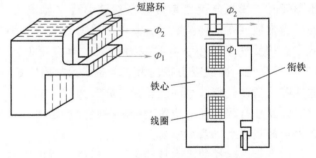

图 1-16　交流电磁铁的短路环

变得比较平直且始终大于反作用力，从而消除了振动和噪声。

第三节　三相异步电动机

知识目标	➤了解三相异步电动机的基本结构。 ➤掌握三相异步电动机的工作原理。
能力目标	➤能够通过拆卸三相异步电动机，认识主要结构部件。 ➤掌握电动机定子接线的不同连接方式。 ➤掌握电动机旋转方向改变的方法。

要点提示：

　　三相异步电动机包括两个主要部分，即固定不动的定子部分和旋转的转子部分。在定子和转子之间存在空气隙，简称气隙。三相异步电动机运行时，对称的定子绕组接上对称的三相交流电源，就能在电动机的气隙中产生旋转磁场，依靠电磁感应的作用，使转子绕组中产生感应电流，进而产生电磁转矩，驱动转子沿着旋转磁场的方向旋转起来。显然，转子的转速总是低于旋转磁场的转速，这就是三相异步电动机名称中"异步"的由来。

　　在现代工农业生产、交通运输及国防工业等领域使用的电力拖动系统中，三相异步电动机的应用最广泛，且使用量最大，这是因为三相异步电动机具有结构简单、制造方便及运行可靠等一系列优点，能满足不同的使用条件的需要。本节主要介绍三相异步电动机的主要结构以及工作原理。

一、三相异步电动机的结构

1. 三相异步电动机的外形

　　三相异步电动机的外形如图1-17所示。从电动机的外形图上可见到的部件有吊环、铭牌、接线盒、机座、端盖、轴承盖、转轴及机座上方的散热翅。吊环由圆钢制成，安装在机座上方，便于吊装电动机。每一台电动机的机座上都装有一块薄铝板制成的铭牌，如图1-18所示，铭牌上较详细地介绍了电动机的特性和一般技术要求，给使用、检查和修理电动机创造了良好的条件。铭牌上标明的参数有：型号、功率、电压、电流、频率、转速、接法、工作方式和绝缘等级等。若电动机没有铭牌或铭牌上的内容不清，则不能使用该电动机，以免发生事故。

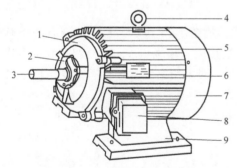

图1-17　三相异步电动机的外形

1—端盖　2—轴承盖　3—转轴　4—吊环　5—散热翅
6—铭牌　7—罩壳　8—接线盒　9—机座

三相异步电动机				
型号	Y132M-4	功率	7.5kW	频率	50Hz
电压	380V	电流	15.4A	接法	△
转速	1440r/min	绝缘等级	B	工作方式	连续
年　　月　　日			××电机厂	

图1-18　三相异步电动机铭牌

2. 三相异步电动机主要零部件

　　三相异步电动机主要零部件组成如图1-19所示。从图中可见三相异步电动机主要部件有定子和转子，其他机械零件有轴承、轴承盖、端盖、风扇、罩壳、接线盒和吊环等。

3. 定子结构

　　三相异步电动机的定子由机座、定子铁心和定子绕组组成。

　　（1）机座　机座是电动机的支架，用于支撑铁心和固定端盖。底座上有螺孔，便于与地基固定，顶部的螺孔用于安装吊环，还有放置铭牌的部位及定子绕组的出线孔。机座一般由铸铁制成，外表面有散热翅，便于散热。机座的内腔是一个圆柱形空间，用来安装定子铁心、定子绕组和整个转子，如图 1-20 所示。

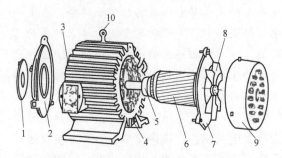

图 1-19　三相异步电动机主要零部件

1—轴承盖　2、7—端盖　3—接线盒　4—定子　5—轴承
6—转子　8—风扇　9—罩壳　10—吊环

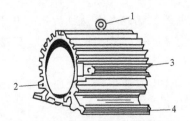

图 1-20　机座

1—吊环　2—接线端盖螺孔
3—出线孔　4—地脚螺孔

（2）定子铁心　定子铁心由厚度为 0.35～0.5mm 硅钢片冲制而成，呈圆环形，上有定子槽和压紧口，如图 1-21 所示。把一定数量的定子硅钢片叠压在一起，并通过压紧口用扣片扣住（防止松散）便制成了定子铁心，如图 1-22 所示。

图 1-21　定子硅钢片

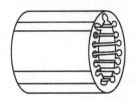

图 1-22　定子铁心

（3）定子绕组　定子绕组由许多线圈连接而成，如图 1-23 所示。每个线圈有两个有效边，分别放入两个定子槽内，各线圈按照一定规律连接成三相绕组。定子绕组一般可以连接成星形（Y）或三角形（△），如图 1-24 所示，绕组一般采用高强度漆包圆铜线绕制而成。

图 1-23　定子线圈

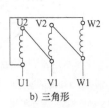

a）星形　　b）三角形

图 1-24　定子绕组的接法

定子绕组嵌在定子铁心的定子槽内，如图 1-25 所示，定子铁心则装在机座内腔中，如图 1-26 所示。

4. 转子结构

转子是电动机的旋转部分，由转轴、转子铁心和转子绕组组成。转子外形如图 1-27 所示。由于转子在定子腔内必须自由转动，故转子与定子之间必须有气隙，气隙大小一般为 0.1～1mm。气隙对电动机的运行性能影响很大，转子与定子也不能相互摩擦（俗称扫膛），否则会损坏定子和转子。

图 1-25 定子铁心和定子绕组

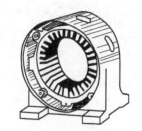

图 1-26 定子机座

（1）转轴 电动机转轴外形如图 1-28 所示，一般由中碳钢加工而成。转子铁心套在转轴上，转轴也支撑着转子的重量，轴两端装有轴承，使转子可以在定子内腔自由转动。

（2）转子铁心 转子铁心由转子硅钢片组成。转子硅钢片由厚 0.35～0.5mm 硅钢片

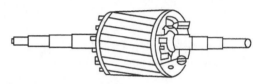

图 1-27 转子外形

冲压制成，外形如图 1-29 所示，其四周有分布均匀的槽。把一定数量的转子硅钢片叠在一起并压装在转轴上即成了转子铁心。在转子铁心的四周槽内嵌有导体（一般为铜条或铝条）。

图 1-28 转轴

图 1-29 转子硅钢片

（3）转子绕组 转子绕组是转子的电路部分，它的作用是产生感应电动势、使电流流过并产生电磁转矩。

三相异步电动机按照转子的结构可分为笼型异步电动机和绕线转子异步电动机，在实际应用中三相笼型异步电动机得到了更广泛的应用，这里主要介绍笼型转子结构。笼型转子的绕组从材料上分为两种，即笼型铜条绕组和笼型铝条绕组。笼型铜条绕组在转子铁心的四周放置有一根根的铜条，铜条的两端用短路环焊接起来，如图 1-30a 所示。中小型电动机一般常用笼型铝条绕组，其把槽中的铝条、两端的短路环和风扇铸成一个整体，如图 1-30b 所示。如果将铁心拿掉，剩下的转子绕组就好像一只鼠笼，如图 1-30c 所示，故称笼型转子。转子中的铝条也被称为笼条，转子的笼条与转轴不是平行的，而是具有一定的倾斜角度，目的是削弱由于定、转子开槽引起的齿谐波，以改善三相笼型异步电动机的起动性能。

5. 其他机械零件

电动机除了上述主要部件外，还有轴承、端盖、轴承盖、风扇、罩壳和接线盒等零件。

（1）轴承 轴承分为球轴承和滚动轴承两种，每种轴承均由外圈、内圈及滚动体组成，如图 1-31 所示。轴承外圈紧紧套入端盖中心的圆孔内，内圈则紧紧套在转轴上。当转子转动时，内圈随之转动，而外圈不动。内、外圈之间填充有润滑剂，以减少摩擦。一般按机座

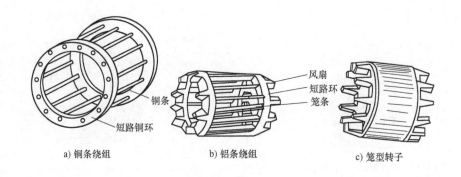

a) 铜条绕组　　　　　　b) 铝条绕组　　　　　　c) 笼型转子

图 1-30　笼型转子绕组

号和极对数配备相应尺寸的轴承，轴承尺寸则按内径（mm）×外径（mm）×宽度（mm）选配。

（2）端盖　俗称大盖，电动机有两个端盖，分别装在机座的左、右端口上，由铸铁制成，其作用是把转子支撑在定子内腔的中心。

（3）轴承盖　俗称小盖，也是由铸铁制成的，其作用是固定转子的轴承，限制转子使其仅能沿轴向在极小范围内移动。

（4）风扇　风扇一般由硬质塑料或铸铝制成，用于排风散热。

（5）罩壳　罩壳由薄铁板冲压制成，起保护风扇和定向排风的作用。

（6）接线盒　接线盒由底座、盒

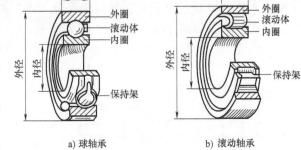

a) 球轴承　　　　　　b) 滚动轴承

图 1-31　轴承构造

盖和接线支架构成，如图 1-32 所示，其作用是固定和保护定子绕组的引出端及三相电源线的引入端，底座与盒盖由铸铁制成。接线支架由绝缘电木制成，其形状如图 1-33 所示。定子绕组是对称的三相绕组，每相之间互成 120°电角度，绕组对称均匀地嵌放在定子铁心槽内。三个绕组的首端用 U1、V1、W1 所示，末端用 U2、V2、W2 表示，三相绕组共六个引出端固定在接线支架上。通常根据铭牌规定，定子绕组可以接成星形（Y）或三角形（△），如图 1-34 所示。接线后的接线支架如图 1-33 所示。

图 1-32　接线盒构造

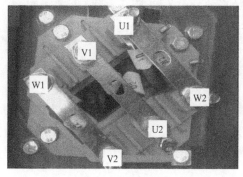

图 1-33 接线后的接线支架

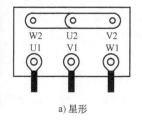

a) 星形

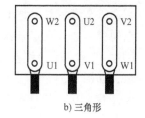

b) 三角形

图 1-34 定子绕组的接线方法

二、三相异步电动机的工作原理

1. 旋转磁场实验

如图 1-35 所示，一个装有手柄的 U 形磁体，在 N、S 两极之间放一个可以自由转动的、由许多铜条组成的导体，铜条两端用铜环短接，形状与鼠笼相似，称为笼型转子。磁体与转子间没有任何机械联系。在 U 形磁体的 N 极与 S 极间存在着磁场。

当摇动手柄使 U 形磁体转动时，发现转子跟着 U 形磁体转动起来。摇得越快，转子转动越快，摇得越慢，转子转动越慢，改变摇动方向，转子也跟着改变转动的方向。由实验可知，U 形磁体的转动使得 U 形磁体的 N 极与 S 极之间的磁场也在转动，这个转动的磁场称为旋转磁场。当转子做成一个鼠笼状的封闭导体时，它能随着旋转磁场而转动。

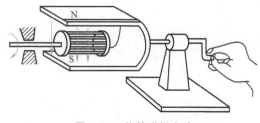

图 1-35 旋转磁场实验

简单分析可知：若将图 1-35 中 U 形磁体和转子沿着转子铜条的垂直方向连同磁极一起剖开，可得到如图 1-36 所示的剖面图。手摇 U 形磁体逆时针转动时产生旋转磁场，旋转磁场与转子间产生相对运动。假定旋转磁场不动，则转子相对于磁场做反方向的转动，并切割磁力线，在转子中产生电流。电流方向可按右手定则判断。若把流进纸面的电流方向以符号 ⊗ 表示；流出纸面的电流方向以 ⊙ 表示，则转子中产生电流方向如图 1-36 所示。在分析磁场对通电导体的作用时，已经知道通电导体在磁场中受到力 F 的作用，因此，转子的上下受到大小相等、方向相反的两个力 F 的作用，于是它们相对于转轴形成了一个电磁转矩，在这个电磁转矩的作用下，转子跟着转动。

2. 旋转磁场的产生

旋转磁场是在三相对称绕组中通以三相电流而产生的。

下面以两极三相异步电动机为例来分析旋转磁场的特点。三相对称绕组是指每相绕组的匝数、连接规律等相同并且在空间布置上各相轴线互差 120°

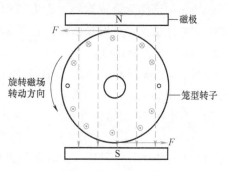

图 1-36 剖面示意图

空间电角度的绕组。绕组 U1-U2、V1-V2 和 W1-W2 的形状如图 1-37 所示，称 U1、V1 和 W1 为绕组的首端，U2、V2 和 W2 为末端。U1-U2、V1-V2 和 W1-W2 绕组的两边安放在定子槽中，是定子绕组的有效部分，称为有效边；其余的起连接作用，称为端接边，端接边越短越有利于节省材料。把 U1-U2、V1-V2 和 W1-W2 的有效边按绕组首端在空间分别相差 120° 的空间位置嵌放在定子铁心槽中，并把绕组末端 U2、V2 和 W2 接于一点（星形联结），首端 U1、V1 和 W1 分别接到三相交流电源的 A、B、C 相上，此时的三相绕组即可称为对称绕组，如图 1-38 所示。流过三相对称绕组的电流分别为 i_A、i_B、i_C，此三相电流幅值相等、相位互差 120°，因此称为对称三相电流，其三角函数的表达式为

$$i_A = I_m \sin\omega t$$
$$i_B = I_m \sin(\omega t - 120°)$$
$$i_C = I_m \sin(\omega t + 120°)$$

式中，I_m 为幅值。

由上式可见对称三相电流的幅值相等，唯一区别是它们在相位上互差 120°。因为电流的方向随时间变化，为便于分析，一般规定电流为正方向时，电流从首端流进、末端流出；电流为负方向时，从末端流进、首端流出，流进用符号 ⊗ 表示，流出用符号 ⊙ 表示。

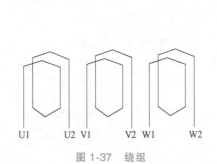

图 1-37　绕组

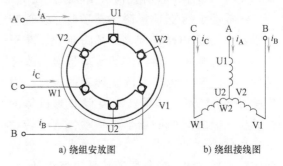

a) 绕组安放图　　　　b) 绕组接线图

图 1-38　简化的三相定子绕组

图 1-39a 所示为三相电流的波形图。分别取 $t_0 \sim t_3$ 的四个瞬间时刻，分析绕组中电流的流向及产生旋转磁场的情况。

当 $t = t_0$（$\omega t = 0°$）时，$i_A = 0$、$i_B < 0$、$i_C > 0$。$i_B < 0$ 指电流从末端 V2 流进，从首端 V1 流出；$i_C > 0$ 指电流从首端 W1 流进，从末端 W2 流出，绕组中电流方向如图 1-39b 所示。绕组导线中流过电流，其导线四周即产生磁场，磁力线方向可用右手螺旋定则判断。此时左右都有磁场，中部则为合成磁场，磁力线由上至下，这就相当于上方为 N 极，下方为 S 极。从磁极数看，也是一个两极磁场，也就是定子绕组在这种布线方式下产生了两极磁场，如果用 p 表示极对数，则 $p = 1$。

当 $t = t_1$（$\omega t = 120°$）时，如图 1-39a 所示，此时 $i_A > 0$、$i_B = 0$、$i_C < 0$。按上述分析，通过绕组导线中的电流方向如图 1-39c 所示，同样可用右手螺旋定则判断两极磁场的方向。将图 1-39c 与图 1-39b 相比较可发现，此时两极磁场在空间中已按顺时针方向旋转了 120°。

同理，当 $t = t_2$（$\omega t = 240°$）时，电流方向及产生的两极磁场如图 1-39d 所示，将图 1-39d 与图 1-39b 相比较可发现，此时两极磁场在空间中按顺时针方向旋转了 240°。

当 $t = t_3$（$\omega t = 360°$）时，绕组中电流方向及产生的两极磁场如图 1-39e 所示，将图 1-39e

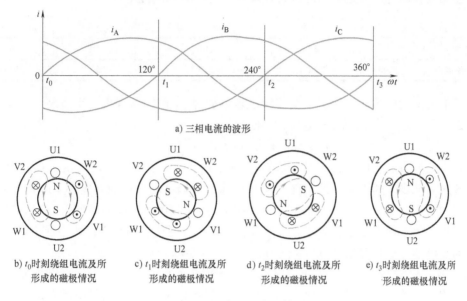

a) 三相电流的波形

b) t_0时刻绕组电流及所
形成的磁极情况

c) t_1时刻绕组电流及所
形成的磁极情况

d) t_2时刻绕组电流及所
形成的磁极情况

e) t_3时刻绕组电流及所
形成的磁极情况

图 1-39 两极电动机的旋转磁场

与图 1-39b 相比较，可发现此时两极磁场在空间中按顺时针方向旋转了 360°。由此可知，定子绕组通入对称三相电流时，其形成的两极磁场随着电流的变化在空间不断地旋转，这就形成了旋转磁场。电动机的转动原理就是定子绕组电流产生的旋转磁场与转子相互作用，使转子跟着旋转磁场转起来。其原理分析如图 1-40 所示，设起动时旋转磁场方向为顺时针，磁场转速为 n_1。转子静止，即与旋转磁场之间存在相对运动，根据右手定则，转子绕组内的电动势和电流方向在图中为上出下进。根据左手定则，转子受力，形成电磁转矩 T，驱动转子顺时针旋转。一般情况下，转子转速 n 只有小于旋转磁场的转速 n_1，转子才能产生感应电动势和转子电流，才能产生电磁转矩，所以称为异步电动机。一般电动机的转速略低于同步转速。

3. 旋转磁场的转速与转向

（1）旋转磁场的转速 对于两极旋转磁场（$p = 1$），其旋转转速等于电流每秒钟的交变次数，即频率 f_1。一般 $f_1 = 50\text{Hz}$，则旋转磁场每分钟的转速 $n_1 = 60f_1 = 3000\text{r}/\min$。旋转磁场的转速称为同步转速，记为 n_1。当电动机的定子槽数增加时，电动机的定子绕组所形成的磁极数也会增加，则同步转速与极对数 p 和频率 f_1 的关系为

$$n_1 = 60f_1/p \qquad (1-1)$$

显然，若已知电动机的极对数，就能知道其同步转速 n_1，具体见表 1-1。

图 1-40 异步电动机的工作原理

从式（1-1）可以看出：一是旋转磁场的转速 n_1 与电源的频率和电动机的极对数有关，这说明电动机的转速也与电源的频率和电动机的极对数有关；二是电动机的转速是可调的，只要改变电源的频率或者改变极对数就可以实现调速。不过，改变极对数不能实现平滑调速，改变电源频率可以实现无级调速，这两种方式分别称为

变极调速和变频调速，并且变频调速是很有发展前途的一种调速方式。

表 1-1 不同磁极对数时异步电动机的同步转速

极对数 p	1	2	3	4	5	6
$n_1/(\text{r/min})$	3000	1500	1000	750	600	500

为了描述电动机的转子转速 n 与旋转磁场的转速 n_1 的同步程度，引进转差率 s 这一概念，它是转差 (n_1-n) 与同步转速 n_1 之比，即

$$s=(n_1-n)/n_1 \quad \text{或} \quad s=(n_1-n)/n_1\times100\% \tag{1-2}$$

转差率是分析异步电动机运行情况的重要参数之一。由于异步电动机工作在电动状态时，其转速与同步转速方向一致但低于同步转速，所以电动状态的转差率 s 的范围是 $0\% \sim 100\%$。其中 $s=0\%$ 为理想空载状态，实际中不存在；$s=100\%$ 为起动瞬间。对于普通的三相异步电动机，为了使额定运行时的效率较高，通常设计时使它的额定转速略低于但很接近于对应的同步转速，所以额定转差率 s_N 一般为 $1.5\% \sim 5\%$。

（2）旋转磁场的转向 三相异步电动机定子旋转磁场的转向在三相绕组排列一定的情况下由三相电流的相序决定，因此只把三相交流电源的 A、B、C 三相中任意两相交换再接入电动机的定子绕组，旋转磁场方向就会改变，电动机的转向也就跟着改变了。

第四节 直流电机

知识目标	➤了解直流电机的结构。 ➤理解直流电机的励磁方式。 ➤掌握直流电机的工作原理。
能力目标	➤能够拆装小型直流电机的主要部件。 ➤能根据直流电机的故障现象，分析判断可能的故障原因。

要点提示：

直流电机分为直流发电机和直流电动机两大类，它们由两个主要部分组成：静止部分（称为定子）主要用来产生磁场；转动部分（称为转子或电枢）是机电能量转换的枢纽。直流电机的运行性能与它的励磁方式有密切的关系。直流电机励磁绕组的供电方式称为励磁方式，共分为四种：他励、并励、串励和复励。直流电机运行时，通过换向器和电刷的共同作用，可以将直流发电机转子绕组中的交变电动势整流成电刷间的直流电动势或者将直流电动机电刷间的直流电流逆变成转子绕组中的交变电流，以保证电动机沿恒定方向转动。从结构及原理上看，直流发电机和直流电动机并无本质差别，只是外界条件不同而已。一台直流电机既可以作为直流发电机运行，也可以作为直流电动机运行，这就是直流电机的可逆运行原理。

直流电动机因其优良的起动和机械特性，在某些特定的场合被应用。但因其供电电

源不易取得、结构较为复杂、运行过程中故障率高及价格高等因素，其应用也受到很多限制。

一、直流电机的结构

直流电机的结构如图 1-41 所示。

1. 定子

直流电机运行时静止不动的部分称为定子，定子的主要作用是产生励磁磁场，其由主磁极、换向极、机座、电刷装置、轴承和端盖等组成。

（1）主磁极　主磁极的作用是产生气隙磁场，使电枢表面的气隙磁通在空间上均有分配，并且方便缠绕励磁绕组。主磁极由主磁极铁心和励磁绕组两部分组成，如图 1-42 所示。主磁极铁心一般用 0.5～1.5mm 厚的硅钢板冲片叠压铆紧而成，分为极身和极靴（极掌）两部分，上面套励磁绕组的部分称为极身，下面扩宽的部分称为极靴，极靴宽于极身，既可以调整气隙中磁场的分布，又便于固定励磁绕组。极靴两边伸出极身之外的部分称为极尖。极靴面向电枢的部分称为极弧。极弧与电枢间的空间为气隙。励磁绕

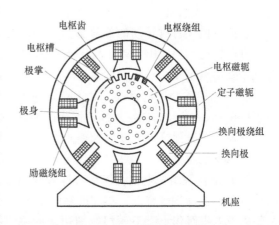

图 1-41　直流电机的结构

组用绝缘铜线绕制而成，套在主磁极铁心上。整个主磁极用螺钉固定在机座上。

（2）换向极　换向极的作用是改善换向，减小电机运行时电刷与换向器之间可能产生的换向火花，一般装在两个相邻主磁极之间，由换向极铁心和换向极绕组组成，如图 1-43 所示。换向极绕组由绝缘导线绕制而成，套在换向极铁心上，换向极的数目与主磁极的数目相等。

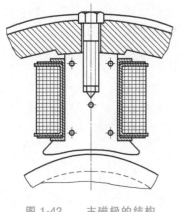

图 1-42　主磁极的结构

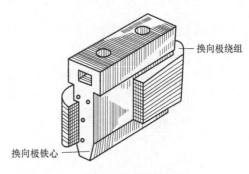

图 1-43　换向极

（3）机座　定子的外壳称为机座。机座的作用有两个：一是用来固定主磁极，并对整个电机起支撑和固定作用；二是机座本身也是磁路的一部分，用以构成磁极之间的磁通路。磁通经过的部分称为磁轭。为保证机座具有足够的机械强度和良好的导磁性能，其一般为铸钢件或由钢板焊接而成。

（4）电刷装置　电刷装置用来引入或引出直流电压和直流电流，如图 1-44 所示。电刷装置由电刷、刷握、刷杆、刷杆座和刷辫等组成。电刷放在刷握内，用弹簧压紧，使电刷与换向器之间有良好的动接触，刷握固定在刷杆上，刷杆则装在圆环形的刷杆座上，相互之间必须绝缘。刷杆座装在端盖或轴承内盖上，其圆周位置可以调整，在调好以后加以固定。刷辫的作用是为了保证可靠地连接和导通电流。

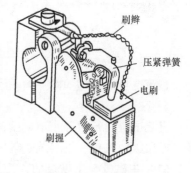

图 1-44　电刷装置

2. 转子（电枢）

直流电机运行时转动的部分称为转子，其主要作用是产生电磁转矩和感应电动势。转子是直流电机进行能量转换的枢纽，所以通常又称为电枢。电枢主要由电枢铁心、电枢绕组、换向器、转轴和风扇等组成。

（1）电枢铁心　电枢铁心是主磁路的主要部分，同时用来嵌放电枢绕组。一般电枢铁心采用由 0.5mm 厚的硅钢片冲制而成的冲片叠压而成，以降低电机运行时电枢铁心中产生的涡流损耗和磁滞损耗。叠成的铁心固定在转轴或转子支架上。铁心的外圆开有电枢槽，槽内嵌放电枢绕组。

（2）电枢绕组　电枢绕组是由许多线圈按一定规律连接而成的，线圈采用高强度漆包线或玻璃丝包扁铜线绕成，不同线圈的线圈边分上下两层嵌放在电枢槽中，电枢绕组与铁心之间以及电枢绕组上、下两层线圈边之间都必须妥善绝缘。为防止离心力将线圈边甩出槽外，槽口用槽楔固定，如图 1-45 所示。电枢绕组的线圈伸出槽外的端接部分用热固性无纬玻璃带绑扎。图 1-46 所示为电枢绕组中的单叠绕组，一个绕组的首端和末端所连接的换向片相邻。

（3）换向器　在直流电动机中，换向器配合电刷装置，能将外加直流电转换为电枢绕组中的交变电流，使电磁转矩的方向恒定不变；在直流发电机中，换向器配合电刷装置，能将电枢绕组中感应产生的交变电动势转换为正、负电刷上引出的直流电动势。换向器是由许多换向片组成的圆柱体，换向片之间用云母片绝缘，其结构如图 1-47 所示。

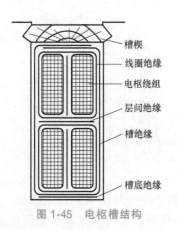

图 1-45　电枢槽结构

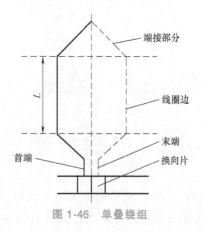

图 1-46　单叠绕组

（4）转轴　转轴起转子旋转时的支撑作用，需要有一定的机械强度和刚度，一般用圆钢加工而成。

二、直流电机的励磁方式

直流电机的能量转换都是以气隙中的磁场作为媒介的。除了少数采用永磁体作为主磁极的直流电机外，直流电机大多以励磁绕组中通入励磁电流的方式产生磁场。人们将主磁极的励磁绕组获得直流电源的方式称为励磁方式。以直流电动机为例，励磁方式分为四种：他励、并励、串励和复励，如图 1-48 所示。

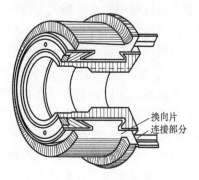

换向片
连接部分

图 1-47 换向器结构

（1）他励　他励指励磁绕组的电源由单独的励磁电源提供，与电枢电源无关。需说明的是，永磁体作为主磁极的直流电动机的励磁方式也属于他励。

（2）并励　并励指励磁绕组和电枢绕组并联，由同一个直流电源供电。

（3）串励　串励指励磁绕组和电枢绕组串联，由同一个直流电源供电。

（4）复励　复励指励磁绕组分成两部分，一部分与电枢绕组并联，另一部分与电枢绕组串联，由同一个直流电源供电。

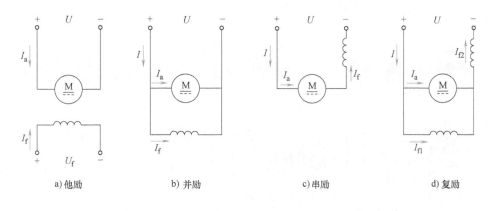

a) 他励　　　　　b) 并励　　　　　c) 串励　　　　　d) 复励

图 1-48 直流电动机的励磁方式

三、直流电机的工作原理

1. 直流发电机和直流电动机的工作原理

直流电机是完成电能和机械能相互转换的装置，按照能量转换的方式分为直流发电机和直流电动机。将机械能转换为电能的是直流发电机，将电能转换为机械能的是直流电动机。直流电机的工作原理如图 1-49 所示。直流发电机工作时，由原动机拖动转子旋转，旋转的转子切割定子提供的励磁磁场，在转子绕组中产生感应电动势。对于转子绕组来说，其旋转到不同的磁极时，内部的感应电动势方向也会随之周期变化，通过换向器和电刷的逆变作用，可以将电枢绕组内部产生的交变电流，变成电刷间方向不变的直流电流；直流电动机工作时，直流电源通过电刷和换向器接入电枢绕组，电枢绕组中的电流与励磁磁场相互作用使电枢受到电磁力的作用，形成电磁转矩，电动机沿着电磁转矩的方向旋转。为了保证电枢绕组旋转到不同磁极下时受力方向不变，流经电枢绕组的电流方向在不同的磁极下必须改变，这就要通过电刷和换向器的共同作用,将外部电路的直流电流整流成电枢绕组内部的交变电流,以保证电枢绕组受力方向不变,电机能够沿着同一方向连续转动。综上所述,不论是直流发电机还是直流电动机,电刷和换向器都是关键部件。

2. 直流电机的可逆运行原理

从结构上来说,直流发电机和直流电动机完全相同。在直流发电机带负载后,电流流过负载的同时也流过电枢绕组,其方向与感应电动势方向相同。根据电磁力定律,电枢绕组在励磁磁场中会受到电磁力的作用形成电磁转矩,其方向与转速方向相反。所以,直流发电机的电磁转矩会阻碍其旋转,为制动性质。为此直流发电机必须用足够大的拖动转矩来克服电磁转矩的制动作用,以维持直流发电机的稳定运行。此时直流发电机从原动机吸收机械能,转换成电能向负载输出。直流电动机转动起来后,电枢绕组切割励磁磁场也要产生感应电动势,用右手定则可判断其方向与电流方向相反,即电枢电动势是反电动势,它会阻碍电流流入直流电动机。所以,直流电动机要正常工作,就必须要外加直流电源以克服反电动势的阻碍作用,使电流流入直流电动机。此时直流电动机从直流电源吸收电能,转换成机械能输出。综上所述,无论是直流电动机还是直流发电机,由于电与磁的相互作用,电枢电动势和电磁转矩都是同时存在的。一台直流电机既可以作为直流发电机运行,又可以作为直流电动机运行,这就是直流电机的可逆运行原理。

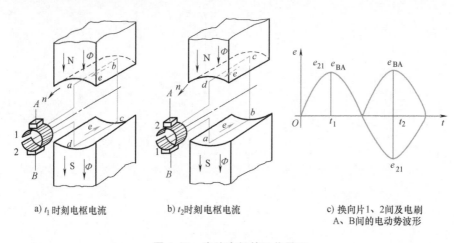

a) t_1时刻电枢电流

b) t_2时刻电枢电流

c) 换向片1、2间及电刷 A、B间的电动势波形

图1-49 直流电机的工作原理

小结

要学习并掌握电机控制技术,必须先要理解并掌握电磁学的基础知识。其中包括理解磁场的获得与衡量磁场的物理量、物质磁化过程与常用的铁磁材料、电磁感应定律和电磁力定律。电磁式低压电器的电磁机构是需要重点理解掌握的内容,尤其是直流电磁机构和交流电磁机构各自的特点必须对比分析与理解才能真正掌握。线圈及铁心的特点、作用也应重点掌握。对于三相异步电动机应了解其定子和转子的结构特点,以及定子和转子的作用。重点是要理解和掌握气隙旋转磁场的产生、转速和转向的知识,并深入理解转差率的概念。对于直流电机,应当了解其结构特点,理解各种励磁方式及不同励磁方式的特点,重点掌握直流电

机的工作原理及直流电机可逆运行原理。

习题

1-1　磁场是如何产生的？衡量磁场大小和方向的物理量是什么？这些物理量是如何定义的？

1-2　简述铁磁材料的磁化过程。

1-3　具体说明什么是"左手定则"和"右手定则"，以及它们分别应用在什么场合。

1-4　电磁机构包括哪些部分？直流电磁机构和交流电磁机构分别有哪些特点？

1-5　三相异步电动机的主要结构有哪些？它们各有什么作用？

1-6　三相异步电动机的旋转磁场是怎样产生的？

1-7　三相异步电动机的旋转磁场的方向由什么决定？

1-8　简述三相异步电动机的工作原理，并说明"异步"的含义。

1-9　若三相异步电动机的转子绕组开路，定子绕组接通三相电源后，能产生旋转磁场吗？电动机会转动吗？为什么？

1-10　什么是三相异步电动机的转差率？三相异步电动机在额定运行条件下的转差率一般是多少？起动瞬间的转差率又是多少？转差率等于零对应的是什么情况？这种情况在实际中存在吗？

1-11　直流电机有哪些主要部件？各起什么作用？

1-12　什么是直流电机的励磁方式？励磁方式包括哪几种？

1-13　简单说明直流电机的工作原理。

第二章

常用低压电器

低压电器作为基本器件，广泛应用于输配电系统和电力拖动系统中。随着科学技术的迅猛发展，电气设备的自动化程度不断提高，低压电器的使用范围也日益扩大，其品种规格不断增加。作为电气技术人员必须熟练掌握低压电器的结构和工作原理，并能正确选用和维护低压电器。

第一节　低压电器的基本知识

知识目标	➢掌握低压电器的定义和作用。 ➢了解低压电器的类型。 ➢了解触头的作用和结构形式。 ➢理解电弧产生的物理过程，掌握常用的灭弧措施。
能力目标	➢能正确描述低压电器的特点。 ➢能正确完成低压电器线圈在电路中的连接。

要点提示：

低压电器在目前的供配电系统和电气设备控制系统中用途十分广泛，常用来发出动作命令（如起动、停止和转向等）、采集信号（如位置信号的检测、电压和电流的检测等）、实现电路的通断以及各种保护。触头在闭合时一定要具有良好的接触状态，即要保证接触电阻足够小，这样才不会在触头上产生较大的发热，因此触头常用银或银合金制成，且在接触时具有一定的压力。触头断开时要有一定的速度，即要实现迅速分断，这样有利于灭弧。一般认为高压电路较难解决的问题是绝缘，低压电路较难解决的问题是灭弧。我国不少火灾事故是由电气故障引起的，即电气火灾。而引起电气火灾的主要原因往往是触头过热和电弧。因此在使用和维护低压电器时要特别注意防止触头过热，并有效地灭弧。

一、低压电器的定义及分类

1. 低压电器的定义

凡是可根据外界特定的信号或要求，自动或手动地接通和分断电路，断续或连续地改变电路参数，实现对电路或非电对象的切换、控制、保护、检测和调节的电气设备均称为电器。国际上（IEC 标准）公认的高低压电器的分界线交流电压是 1000V（1kV）（直流则为

1500V)。交流 1000V（1kV）以上为高压电器，1000V 及以下为低压电器。直流 1500V 以上为高压电器，1500V 及以下为低压电器。

2. 低压电器的分类

（1）**按控制的对象和用途分类**　此分类规则下低压电器可分为低压控制电器和低压配电电器两大类。

低压控制电器包括接触器、继电器和电磁铁等，主要用于电力拖动与自动控制系统中。

低压配电电器包括刀开关、组合开关、熔断器和断路器等，主要用于低压配电系统及动力设备中。

（2）**按低压电器的动作方式分类**　此分类规则下低压电器可分为自动切换电器和非自动切换电器两类。

自动切换电器依靠电器本身参数的变化或外加信号的作用自动完成接通或分断等动作，如接触器、继电器等。

非自动切换电器依靠外力（如手动）直接操作来进行切换，如刀开关、主令电器等。

（3）**按低压电器的执行和结构分类**　此分类规则下低压电器可分为有触头电器和无触头电器两类。

有触头电器具有可分离的动触头和静触头。利用动、静触头的接触和分离来实现对电路通断控制的电器叫有触头电器，如接触器、继电器、断路器等。

无触头电器没有可分离的动、静触头。主要利用半导体器件的开关效应来实现对电路的通断控制，如接近开关等。

（4）**按工作原理分类**　此分类规则下低压电器可分为电磁式低压电器和非电量控制低压电器两类。

电磁式低压电器根据电磁感应原理来工作，如交、直流接触器和各种电磁式断路器等。

非电量控制低压电器依靠外力或某种非电物理量的变化而动作，如刀开关、速度继电器等。

二、触头系统

电磁式低压电器的触头（有的也称触点，本书统一称为触头）按接触方式可分为点接触式、线接触式和面接触式三种，如图 2-1 所示；按触头的结构形式划分有桥式和指形触头两种，如图 2-2 所示。

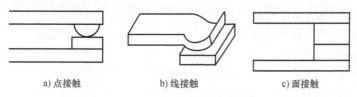

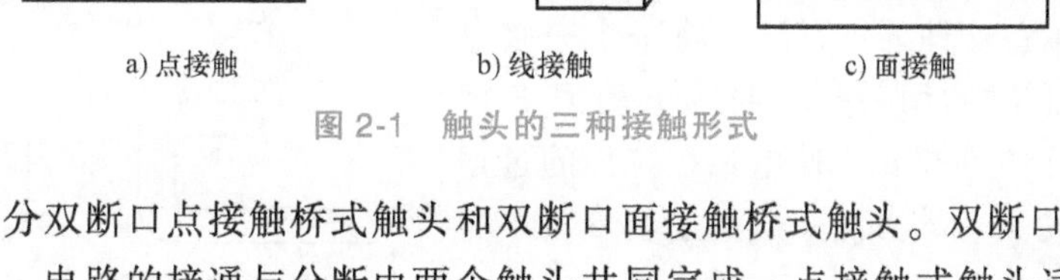

a) 点接触　　　　b) 线接触　　　　c) 面接触

图 2-1　触头的三种接触形式

桥式触头又分双断口点接触桥式触头和双断口面接触桥式触头。双断口就是两个触头串联于同一电路中，电路的接通与分断由两个触头共同完成。点接触式触头适用于电流不大，且触头压力小的场合，面接触式触头适用于大电流的场合。

指形触头的接触面为一条直线，触头在接通或分断电路时会产生滚动及滑动摩擦，能将触头表面的氧化膜磨掉。因此指形触头适用于通断电频繁及大电流的场合。

触头是低压电器的执行部分，起接通和分断电路的作用。因此要求触头的导电、导热性能良好，小容量的触头通常用铜制成。但铜在空气中容易被氧化而在触头表面生成一层导电性能很差的氧化铜膜，这就增大了触头的接触电阻，使触头损耗加大，温度升高；而触头温度升高，反过来又使触头表面氧化加剧，形成恶性循环。所以对触头要求较高的电器，其触头会采用银质或银合金材料，这不仅在于此类材料的导电和导热性

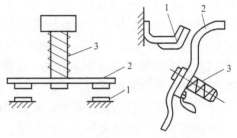

a) 双断口点接触桥式触头　　b) 指形触头

图 2-2　触头的结构形式

1—静触头　2—动触头　3—触头压力弹簧

能均优于铜质触头，更主要的原因是其氧化膜对接触电阻影响不大，而且这种氧化膜要在较高的温度下才会形成，并容易粉化。因此，银质触头具有较低和较稳定的接触电阻。对于大、中容量低压电器的触头，如果采用的是滚动接触，其上的氧化膜可以在触头动作过程中去掉，所以这种结构的触头通常也会采用银质材料。

为了使触头在闭合时能接触得更加紧密以减小接触电阻，并消除在开始接触时产生的振动，可以采用增大触头弹簧的初压力、减小触头质量、降低触头的接通速度以及选择硬度较高的触头材料等方法。

对于大多数低压电器，触头是较为贵重和易出现故障的地方，要注意维护和保养。

三、电弧及灭弧装置

电器在分断大电流或高电压电路时，在动、静触头之间会产生很强的电弧。电弧实际上是触头间的气体在强电场作用下产生的放电现象。当触头刚刚互相断开时，由于两触头间的距离很小，因此两者间电场强度很大，在高温和强电场作用下，金属内部的自由电子从阴极表面逸出，奔向阳极，这些自由电子在电场中高速运动时要撞击电中性的气体分子，使其电离并产生离子和电子，而产生的电子在强电场作用下也继续向阳极运动，并撞击更多的气体分子。这样在触头间就产生了大量的正离子和电子，从而使气体导电，形成了炽热电子流，即产生了电弧，电弧的本质是一种气体放电现象。

电弧一方面会烧蚀触头，缩短触头的使用寿命，另一方面会使电路的分断时间延长，甚至造成短路或引起其他事故。因此应限制电弧的产生并使其尽快熄灭。常用的灭弧方法有双断口电动力灭弧、纵缝灭弧和栅片灭弧三种。

1. 双断口电动力灭弧

如图 2-3 所示，这种灭弧方法是将一个完整电弧分割成两段，同时利用触头本身的电动力 F 把电弧向相反的两个方向拉长，使电弧在拉长的过程中加快冷却最终熄灭。该方法一般用于容量较小的交流接触器等低压电器中。

2. 纵缝灭弧

如图 2-4 所示，这种灭弧方法是利用灭弧罩的

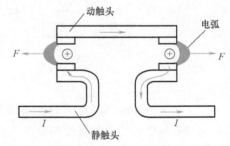

图 2-3　双断口电动力灭弧

窄缝来实现灭弧的。灭弧罩是由耐热陶土、石棉或水泥等绝缘材料制成。灭弧罩内每相都有一个纵缝，缝的下部较宽以便放置触头；上部较窄，以便压缩电弧，使电弧与灭弧罩壁紧密接触。当触头断开时，电弧被外加磁场或电动力吹入纵缝内，其热量被纵缝壁迅速吸收，使电弧迅速冷却熄灭。该方法常用于交、直流接触器上。

3. 栅片灭弧

栅片灭弧的结构及工作原理如图 2-5 所示。金属栅片由镀铜或镀锌薄铁片制成，它们插在灭弧罩内，各栅片之间互相绝缘。当动、静触头断开时，在触头间产生电弧，同时电弧电流周围产生磁场。由于金属栅片的磁阻比空气的磁阻要小得多，因此在靠近栅片的电弧上部的磁通很容易通过金属栅片而形成闭合磁路，这样便造成了电弧周围空气中的磁场上疏下密。这样的磁场会对电弧产生向上的作用力，将电弧拉入栅片内，于是栅片将电弧分割成若干个串联的短电弧，而栅片就是这些短电弧的电极，将总电弧的压降分成几段，于是栅片间的电压都低于燃弧电压，同时栅片将电弧导出并使其迅速冷却，促使电弧尽快熄灭。栅片灭弧多用于容量较大的交流接触器中。

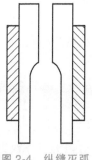

图 2-4　纵缝灭弧

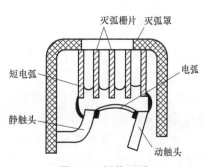

图 2-5　栅片灭弧

对于特别强烈的电弧，也可以利用气体或油将其熄灭，即在开关电器中利用各种形式的灭弧室使气体或油产生巨大的压力并有力地吹向弧隙，电弧在气流或油流中被快速地冷却及去游离，于是迅速熄灭。此外也可利用灭弧性能优越的新介质，例如 SF_6（六氟化硫）灭弧，或将触头置于真空中。

第二节　电磁式接触器

知识目标	➤掌握接触器的作用。 ➤了解接触器的类型。 ➤了解接触器的结构。 ➤理解接触器的主要参数。 ➤掌握接触器的选用原则。 ➤理解接触器产生各种故障的原因。 ➤掌握接触器的图形和文字符号。
能力目标	➤能正确选择接触器的类型（交流或直流）。 ➤能正确选择接触器的型号。 ➤能正确完成接触器在电路中的接线。 ➤能正确对接触器进行维护和检修。

要点提示：

接触器适用于远距离频繁地接通或分断交、直流主电路，主要用于控制电动机、电热设备、电焊机和电容器组等，支持远距离、频繁通断大电流以及可以自动动作是其特点。为节省贵重金属，电流稍大的接触器的触头有主、辅之分。接触器的额定电压和额定电流都是指主触头的参数，而不是其线圈的参数，因此同一额定电流的接触器可以配置不同额定电压的线圈。交、直流接触器的灭弧能力在设计时是不同的，同样额定电流的直流接触器比交流接触器的灭弧能力强很多，因此不能让同一额定电流的交、直流接触器相互替代。按直流接触器线圈所施加的电压种类对接触器分类的做法也是错误的。

电磁式接触器是一种自动的电磁式开关。它具有欠电压释放保护功能。在电力拖动系统中被广泛应用。

由于交、直流电流产生电弧的不同，接触器按主触头通过的电流种类不同分为交流接触器和直流接触器两类。

一、交流接触器

交流接触器的种类很多，下面以 CJ40 系列交流接触器为例展开介绍。

1. 交流接触器的结构

图 2-6 为 CJ40 系列交流接触器的外观图。它主要由电磁机构、触头系统、灭弧装置及辅助部件四部分组成。

（1）电磁机构　电磁机构由线圈、铁心（静铁心）和衔铁三部分组成。其作用是利用电磁线圈的通电或断电，使衔铁和铁心吸合或释放，从而带动动触头与静触头闭合或断开来实现接通或分断电路的目的。

（2）触头系统　按通断能力划分，交流接触器的触头分为主触头和辅助触头（小容量的则无主、辅触头之分）。主触头用于通断电流较大的主电路，一般由三对常开触头组成；辅助触头用以通断电流较小的控制电路，通常由两对常开和两对常闭触头组成，起电气联锁或控制作用，常开触头和常闭触头是联动的。当线圈得电时，常闭触头先断开，常开触头后闭合；而线圈断电时，常开触头先恢复断开，常闭触头后恢复闭合。常开触头又称动合触头，常闭触头又称动断触头，本书统一使用常开触头和常闭触头的叫法。两种触头在改变工作状态时，先后会有时间差，这个时间差对分析电路的工作原理起着至关重要的作用。

图 2-6　CJ40 系列交流接触器外观图

（3）灭弧装置　交流接触器中常用的灭弧装置因电流等级而异。容量较小的接触器常采用双断口桥式触头以利于灭弧，并在触头上方安装陶土灭弧罩；容量较大的接触器常采用纵缝灭弧罩和栅片灭弧装置。

（4）辅助部件　交流接触器的辅助部件包括反作用弹簧、缓冲弹簧、触头压力弹簧、传动机构、底座及接线柱等。

反作用弹簧安装在动铁心和线圈之间，其作用是线圈断电后推动衔铁释放，使各触头恢复原状态。缓冲弹簧安装在静铁心与线圈之间，其作用是缓冲衔铁在吸合时对静铁心和外壳的冲击力，保护外壳和底座。触头压力弹簧安装在动触头上面，其作用是增加动、静触头间的压力，从而增大接触面积，减小接触电阻，并防止触头因过热而灼伤。传动机构的作用是在衔铁或反作用弹簧的作用下，带动动触头实现与静触头的接通和断开。

2. 交流接触器的工作原理

在交流接触器的线圈两端加上一个交流电压后，线圈中的电流会产生磁场，使静铁心产生足够大的吸力，克服反作用弹簧的反作用力将衔铁吸合。通过中间传动机构带动常闭（辅助）触头先断开，三对主触头和常开（辅助）触头后闭合。当加在交流接触器线圈两端的电压为零或较低时，由于电磁吸力消失或过小，不足以克服反作用弹簧的反作用力，衔铁即会在反作用力下复位，带动常开触头（主、辅）先恢复断开，辅助常闭触头后恢复闭合。

二、直流接触器

直流接触器适用于远距离且频繁地接通和分断直流电路以及控制直流电动机。其结构和工作原理与交流接触器基本相同，常用的直流接触器有 CZ0 系列和 CZ18 系列。

直流接触器主要由电磁系统、触头系统和灭弧装置三部分组成，图 2-7 为其结构示意图。

1. 电磁系统

直流接触器的电磁系统由线圈、静铁心和动铁心（衔铁）组成，具有绕棱角转动的拍合式电磁机构。由于直流接触器的线圈通过的是直流电，所以铁心中不会因产生涡流和磁滞损耗而发热，因此铁心可用整块的铸铁或铸钢制成，其端面也不需安装短路环。但为了保证线圈断电后衔铁能可靠地释放，磁路中会垫有非磁性垫片，以减少剩磁的影响。

2. 触头系统

直流接触器的触头也有主、辅之分。由于主触头接通和分断的电流比较大，多采用滚动接触的指形触头，以延长触头的使用寿命。辅助触头的通断电流较小，因此多采用双断点桥式触头，并可有若干对。

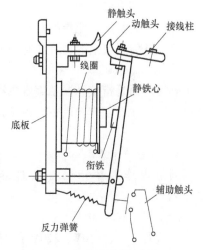

图 2-7　直流接触器的结构图

为了减小运行时的线圈功耗及延长线圈的使用寿命，容量较大的直流接触器线圈经常采用串联双线圈，其接线图如图 2-8 所示。接触器的一个常闭触头与保持线圈并联。在电路刚接通瞬间，保持线圈被常闭触头短路，可使得起动线圈获得较大的电流和吸力。当接触器动作后，起动线圈和保持线圈串联通电，由于电压不变，所以电流较小，但仍可使衔铁保持被吸合的状态，从而达到省电的目的。

3. 灭弧装置

直流接触器的主触头在分断较大直流电流时会产生强烈的电弧，所以必须设置灭弧装置以迅速熄灭电弧。

对于开关电器而言，采用何种灭弧装置主要取决于电弧的

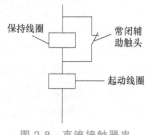

图 2-8　直流接触器串联双线圈接线图

性质。交流接触器触头间产生的电弧在自然过零时可以自动熄灭，而直流电弧因为不存在自然过零点，所以只能靠拉长电弧和冷却电弧来将其熄灭。因此在同样的电气参数下，熄灭直流电弧要比熄灭交流电弧困难得多，故直流灭弧装置一般比交流灭弧装置复杂，这也是为什么对直流接触器触头的要求比交流接触器要高，且接触器按触头通断电流的种类（而不是按线圈通过电流的种类）进行分类，以及交、直流接触器不能相互替代的原因。

归纳起来说，直流接触器与交流接触器的不同之处主要表现在铁心结构、线圈形状、触头数量、灭弧方式以及吸力特性等方面。

三、接触器的主要技术数据

接触器的主要技术数据有：接触器额定电压和额定电流、接触器电气寿命与机械寿命、额定操作频率、接触器线圈额定电压、接触器线圈的动作值和主触头接通与分断能力等。

1. 接触器额定电压

接触器的额定电压指的是主触头的额定电压。交流接触器额定电压主要有 220V、380V（500V）和 660V，直流接触器额定电压主要有 110V、220V 和 440V。

2. 接触器额定电流

接触器的额定电流指的是主触头的额定工作电流。它是在额定电压、使用类别和操作频率一定的条件下规定的，目前常用的电流等级为 10～800A。

3. 电气寿命与机械寿命

电气寿命是指接触器带额定负载的情况下能够动作的次数，机械寿命是指接触器不带负载的情况下能够动作的次数。由于接触器是频繁操作电器，所以要求它具备较高的电气和机械寿命。

4. 额定操作频率

额定操作频率指的是接触器每小时的操作次数，一般为 300 次/h、600 次/h 和 1200 次/h。

5. 线圈的额定电压

交流有 36V、110V、220V 和 380V；直流有 24V、48V、110V、220V 和 440V。

6. 动作值

动作值指的是接触器的吸合电压和释放电压。规定加在接触器线圈两端的吸合电压达到其额定电压的 85% 或以上时，衔铁应可靠地吸合；如果加在线圈两端的释放电压低于其额定电压的 70% 或突然消失时，衔铁应可靠地释放。

四、接触器主要产品介绍

1. 常用的交流接触器

常用的交流接触器有 CJ12、CJ19、CJ20、CJ40、CJX1、CJX2、3TB、3TD 和 LC1-D 等系列。CH10X 系列是消弧接触器，属新产品。

CJ20 系列是我国在 20 世纪 80 年代初设计的产品。该系列产品具有结构合理、体积小、重量轻、机械寿命长和易于维护等优点，主要用于交流 50Hz、电压 600V 及以下（部分产品可用于 1140V），电流在 630A 及以下的电力电路中。CJ20 系列交流接触器的主要技术数据见表 2-1。

表 2-1　CJ20 系列交流接触器的主要技术数据

型号	极数	额定工作电压 U_N/V	额定发热电流 I_{th}/A	额定工作电流 I_N/A	额定操作频率 /(次/h)	机械寿命/万次	辅助触头	
							额定发热电流 I_{th}/A	触头组合
CJ20-10	3	220	10	10	1200	1000	10	2 常开、2 常闭
		380		10	1200			
		660		5.8	600			
CJ20-16		220	16	16	1200			
		380		16	1200			
		660		13	600			
CJ20-25		220	32	25	1200			
		380		25	1200			
		660		16	600			
CJ20-40		220	55	40	1200			
		380		40	1200			
		660		25	600			
CJ20-63		220	80	63	1200			
		380		63	1200			
		660		40	2600			
CJ20-100		220	125	100	1200			
		380		100	1200			
		660		63	600			
CJ20-160		220	200	160	1200			
		380		160	1200			
		660		100	600			
CJ20-160/11		1140	200	80	300			

2. 常用的直流接触器

常用的直流接触器有 CZ0、CZ17、CZ18 和 CZ21 等多个系列。其中 CZ0 系列产品的结构紧凑、体积小，且易于维修保养，其零部件的通用性强，因此被广泛应用。表 2-2 为 CZ0 系列直流接触器的主要技术数据。分断电流是指接触器可以分断的最大电流。

3. B 系列交流接触器

B 系列交流接触器是更新换代产品。它是引进德国 BBC 公司生产线和生产技术而生产的交流接触器，有"正装式"和"倒装式"两种结构布置形式。其中"正装式"结构与普通接触器无异，即触头系统在前面，电磁系统在后面靠近安装面，属于这种结构形式的有 B9、B12、B16、B25、B30、B460 及 K 型七种。而"倒装式"结构是指触头系统在后面，电磁系统在前面，这种布置由于磁系统在前面，具有更换线圈方便、接线方便（使接线距离缩短）等优点，且便于安装多种附件，如辅助触头、TP 型气囊式延时继电器、VB 型机械连锁装置和 WB 型自锁继电器及连接件，从而扩展了使用功能。

表 2-2　CZ0 系列直流接触器的主要技术数据

型号	额定电压/V	额定电流/A	额定操作频率/次·h⁻¹	主触头形式及数目 常开	主触头形式及数目 常闭	分断电流/A	辅助触头形式及数目 常开	辅助触头形式及数目 常闭	吸引线圈电压/V	吸引线圈消耗功率/W
CZ0-40/20		40	1200	2	—	160	2	2		22
CZ0-40/02		40	600	—	2	100	2	2		24
CZ0-100/10		100	1200	1	—	400	2	2		24
CZ0-100/01		100	600	—	1	250	2	1		180/24
CZ0-100/20		100	1200	2	—	400	2	2		30
CZ0-150/10		150	1200	1	—	600	2	2	24,48	300/25
CZ0-150/01	440	150	600	—	1	375	2	1	110,220	300/25
CZ0-150/20		150	1200	2	—	600	2	2	440	40
CZ0-250/10		250	600	1	—	1000	可以在 5 常开、1 常闭与 5 常闭、1 常开之间任意组合			230/31
CZ0-250/20		250	600	2	—	1000				290/40
CZ0-400/10		400	600	1	—	1600				350/28
CZ0-400/20		400	600	2	—	1600				430/43
CZ0-600/10		600	600	1	—	2400				320/50

　　B 系列接触器还有一个显著特点就是通用零部件多，该系列不同型号的产品，除触头系统外，其他零部件基本通用。各零部件的连接多采用卡装和螺钉连接，便于使用及维护。B系列接触器还有派生产品，如 B75C 系列，它是切换电容接触器，主要适用于在可补偿回路中接通和分断电力电容器，以调整用电系统的功率因数，接触器可抑制接通电容器时出现的冲击电流。

　　B 系列交流接触器的主要技术数据见表 2-3。

表 2-3　B 系列交流接触器的主要技术数据

型号	交流操作	B9	B16	B25	B37	B65	B85	B170	B370	B460
	带叠片式铁心的直流操作	—	—	—	BE37	BE65	BE85	BE170	BE370	—
	带整块式铁心的直流操作	—	—	—	BC37	—	—	—	—	—
额定绝缘电压/V		750	750	750	750	750	750	750	750	750
最高工作电压/V		660	660	660	660	660	660	660	660	660
额定发热电流/I_{th}/A		16	25	40	45	80	100	230	410	600
额定工作电流/A	380V 时 AC-3、AC-4	8.5	15.5	22	37	65	85	170	370	475
	660V 时 AC-3、AC-4	3.5	6.7	13	21	44	53	118	268	337
380V 时 AC-3（600 次/h）、AC-4（300 次/h）条件下	控制三相电动机最大功率/kW	4	7.5	11	18.5	33	45	90	200	250
	AC-3 电寿命/百万次	1	1	1	1	1	1	1	1	1
	AC-4 电寿命/百万次	0.04	0.04	0.04	0.04	0.04	0.04	0.03	0.03	0.01

（续）

660V 时 AC-3（600 次/h）、AC-4（300 次/h）条件下	控制三相电动机最大功率/kW	3	5.5	11	18.5	40	50	110	250	315
	AC-3 电寿命/百万次	—	—	—	—	—	—	—	—	—
	AC-4 电寿命/百万次	—	—	—	—	—	—	—	—	—
380V 接通能力/A		105	190	270	445	780	1020	2040	4450	5700
380V 分断能力/A		85	155	220	370	650	850	1700	3700	4750
机械寿命（1800 次/h）/（百万次）	B 型	10	10	10	10	10	10	10	3	
	BE 型	—	—	—	5	5	5	3	3	
	BC 型	—	—	—	30					
各种工作制下的操作频率/（次·h⁻¹）	交流 AC-1 工作制	600	600	600	600	600	600	600	400	—
	交流 AC-2、AC-3 工作制	600	600	600	600	600	600	600	400	300
	交流 AC-2、AC-4 工作制	300	300	300	300	300	300	150	100	150
线圈吸持功率	B 型/（V·A/W）	7.6/2.2	7.6/2.2	—	22	30	30	60/15	100/27	—
	BE 型/W	—	—	—	12	17	17	9	14	—
	BC 型/W	—	—	—	19	—	—	—	—	—
最多辅助触头数		5	5	6	8	8	8	8	8	8

4. 真空接触器

常用的交流真空接触器有 CJK 系列产品，它具备体积小，通断能力强，寿命长以及可靠性高等优点，主要适用于交流 50Hz、额定电压 600V 或 1140V，额定电流为 600A 的电力电路中。

5. 固体接触器

固体接触器又叫半导体接触器，它是由晶闸管和交流接触器组合而成的混合式交流接触器。目前生产的 CJW1-200A/N 型固体接触器是由五个晶闸管交流接触器组装而成的。固体接触器属新产品，在生产中的应用才刚开始，且日后必将随着电子技术的发展得到逐步推广。

图 2-9 为接触器的外观图。

五、接触器的选用原则

在选用接触器时，应遵循五个原则。

1. 接触器类型的选择

交流负载选用交流接触器，直流负载选用直流接触器。由于交、直流接触器存在灭弧能力的差异，一般情况下，交、直流接触器不可相互替代。

2. 主触头额定电压的确定

主触头额定电压应等于或大于主电路的工作电压。

3. 主触头额定电流的确定

当接触器控制电阻性负载时，主触头额定电流应不小于被控负载的额定电流；当接触器控制不频繁起动、制动及正反转的电动机时，主触头额定电流应大于或稍大于电动机的额定电流；当接触器控制频繁起动、制动及正反转的电动机时，应适当增大接触器主触头的额定电流（可按额定电流的 2 倍选择）。

4. 线圈的额定电压和频率的确定

线圈的额定电压和频率要与所在控制电路的电压和频率保持一致。

5. 触头数量的确定

根据在电路中需使用接触器触头数量和种类的实际情况来确定接触器的触头数量和种类。当触头数量和种类不能满足要求时要想办法解决。

六、接触器的维护

a) NC8系列交流接触器　　　b) NC9系列真空交流接触器

c) CJX1系列机械联锁可逆接触器　　d) CZ0系列直流接触器

e) NCK3-25~40空调用交流接触器　f) NCH8系列家用交流接触器

图 2-9　接触器的外观图

接触器在运行过程中要定期维护，维护工作要做到：

1）定期检查接触器的零件，要求可动部分灵活，紧固件无松动。应及时修理或更换损坏的零部件。

2）保持触头表面的清洁，不允许粘有油污。当触头表面因电弧烧灼而附有金属小颗粒时，应及时去掉这些小颗粒。触头若已磨损，应及时调整以消除过大的超程；若触头厚度只剩下原有厚度的 1/3 时，应及时更换。当银或银合金触头表面因电弧作用而生成黑色氧化膜时，不必处理，因为银的氧化物接触电阻很小，不会造成接触不良，而经常修锉反而会缩短触头的使用寿命。

3）接触器不允许在去掉灭弧罩的情况下使用，因为这样容易发生相间短路。由于用陶土制成的灭弧罩易碎，因此拆装时应小心，避免碰撞造成灭弧罩损坏。

4）一旦接触器不能修复应及时更换。更换前应检查接触器的铭牌和线圈标牌上标出的参数。更换后的接触器的有关数据应符合技术要求，可动部分活动也应灵活，并将铁心表面的防锈油擦净，以免油污粘滞造成接触器不能释放。有的接触器还须检查和调整触头的开距、超程和压力等，并使各个触头的动作同步。

七、接触器的常见故障及处理方法

接触器在长期使用过程中，由于自然磨损或使用维护不当，会产生故障进而影响其正常工作。掌握接触器的常见故障及处理方法可缩短电气设备的维修时间，并提高生产效率。接触器的常见故障及处理方法见表 2-4。

表 2-4 接触器的常见故障及处理方法

故障现象	产生故障的原因	处理方法
触头过热	1. 通过动、静触头间的电流过大 2. 触头压力不足 3. 触头表面接触不良	减小负载或更换触头容量大的接触器 调整触头压力弹簧或更换新触头 清洗修整触头使其接触良好
触头磨损	1. 电弧或电火花的高温使触头金属气化 2. 触头闭合时的撞击及触头表面的相对滑动摩擦	当触头磨损至超过原厚度的 1/2 时，更换新触头
衔铁不释放	1. 触头发生熔焊而粘在一起 2. 铁心接触面有油污 3. 铁心剩磁太大 4. 机械部分卡阻	修理或更换新触头 清理铁心接触面 调整铁心的防剩磁间隙或更换铁心 修理调整，消除机械卡阻现象
衔铁振动或噪声大	1. 衔铁或铁心接触面上有锈垢、油污和灰尘等，或衔铁歪斜 2. 短路环损坏 3. 可动部分卡阻或触头压力过大 4. 电源电压偏低	清理或调整铁心接触面 更换短路环 调整可动部分及触头压力 提高电源电压
线圈过热或烧毁	1. 线圈短路 2. 铁心与衔铁闭合时有间隙 3. 电源电压过高或过低	更换线圈 修理调整铁心或更换 调整电源电压
吸力不足	1. 电源电压过低或波动太大 2. 线圈额定电压大于电路实际工作电压 3. 反作用弹簧压力过大 4. 可动部分卡阻或铁心歪斜	调整电源电压 更换线圈，使其额定电压值与电源电压匹配 调整反作用力弹簧 调整可动部分及铁心

八、接触器的图形和文字符号

接触器的图形符号如图 2-10 所示（为区分主、辅触头，常在主触头的图形符号中画入半圆），其文字符号为 KM。

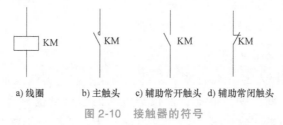

a) 线圈　　b) 主触头　　c) 辅助常开触头　d) 辅助常闭触头

图 2-10 接触器的符号

第三节　电磁式继电器

知识目标	▷掌握电磁式继电器的作用。 ▷了解电磁式继电器的种类和结构。 ▷理解电磁式继电器的主要参数。 ▷掌握电磁式继电器的使用和选择方法。 ▷掌握各种电磁式继电器的图形和文字符号。
能力目标	▷能正确选择各种电磁式继电器。 ▷能正确完成各种电磁式继电器在电路中的接线。 ▷能正确维护和检修各种电磁式继电器。

要点提示：

电磁式继电器是低压电器中用量较大的一类电器。由于其结构与接触器类似，故常有人把电磁式继电器与接触器搞混。电压继电器用于反映被测电路中的电压变化（线圈并联在电路中），电流继电器用于反映被测电路中的电流变化（线圈串联在电路中），要注意过高电压（电流）继电器和欠电压（电流）继电器吸合值与释放值的区别，如果记住电磁机构的吸力与线圈电压（电流）成正比趋势就不难区分清楚。对于中间继电器要理解"中间"的含义是"中间转换和放大"。时间继电器有通电延时型和断电延时型，不存在既通电延时又断电延时的继电器，但这两种时间继电器都可以有瞬动触头，即不延时的触头。

一、电磁式继电器的基本结构和分类

1. 电磁式继电器的基本结构

电磁式继电器广泛应用于电力拖动控制系统中，其结构及工作原理与接触器类似，也是由电磁机构和触头系统等组成。它与接触器的区别主要是继电器只能用于切换电流较小的控制电路或保护电路（各触头允许通过的电流最多为5A），而不能控制主电路；继电器可对多种输入信号量的变化产生反应，而接触器只能对电压信号产生反应；由于通断的电流较小，因此继电器不设专门的灭弧装置且触头无主、辅之分。另外为了改变继电器的动作参数，继电器一般还具有改变释放弹簧松紧程度和改变衔铁打开后磁路气隙大小的调节装置。

2. 电磁式继电器的分类

电磁式继电器的种类很多，按用途分为控制继电器和保护继电器等。按输入量分为电压继电器、电流继电器、时间继电器和中间继电器。按通入电磁线圈的电流种类分为交流继电器和直流继电器。

二、电磁式继电器的特性和主要参数

1. 电磁式继电器的特性

继电器的特性是用输入-输出特性来表示的，当改变继电器输入量大小时，对于输出量的触头只有"通"与"断"两个状态，所以继电器的输出量也只有"有"和"无"两个量。图2-11所示为继电器的输入-输出特性。当输入量 X 从零开始增加时，在 $X<X_0$ 的过程

中，输出量 Y 为零；当 $X = X_o$ 时，衔铁被吸合，输出量由零跃变为 Y_1；再增加 X 时，Y 值不变。而当输入量减小时，在 $X > X_r$ 的过程中，Y 仍保持 Y_1 值不变，但当 X 减小到 X_r 时，衔铁被释放，输出量由 Y_1 突降为零；X 再减小时，Y 仍保持为零。因此图中 X_o 为继电器的吸合值，X_r 为继电器的释放值。

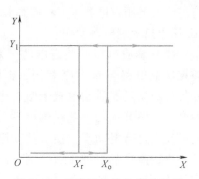

图 2-11 继电器的输入-输出特性

2. 电磁式继电器的主要参数

（1）额定电压或额定电流 电压继电器的额定电压指的是其线圈的额定电压；电流继电器的额定电流指的是其线圈的额定电流。

（2）动作电压或动作电流 电压继电器的动作电压指的是使其衔铁开始动作时线圈两端的电压；电流继电器的动作电流则是指使电流继电器的衔铁开始动作时通过其线圈的电流。

（3）返回电压或返回电流 返回电压是指电压继电器的衔铁被释放时线圈两端的电压；返回电流是指电流继电器的衔铁被释放时流过线圈的电流。

（4）返回系数 是指继电器的释放值与吸合值的比值，以 K 表示。

对于电压继电器，电压返回系数 K_V 为

$$K_V = U_r / U_o \tag{2-1}$$

式中，U_r 为释放电压（V）；U_o 为吸合电压（V）。

对于电流继电器，电流返回系数 K_1 为

$$K_1 = I_r / I_o \tag{2-2}$$

式中，I_r 为释放电流（A）；I_o 为吸合电流（A）。

返回系数实际上反映了继电器吸力特性和反力特性配合的紧密程度，是电压继电器和电流继电器的重要参数，不同场合要求的 K 值不同，因此，继电器的返回系数是可以调节的。

（5）整定值 按控制需要，预先给继电器设置并能达到的一个吸合值或释放值。

三、电压继电器

用来反映电压变化的继电器叫电压继电器。电压继电器的线圈为电压线圈，在使用时并联在电路中，这种线圈匝数多、导线细且阻抗大。

1. 过电压、欠电压和零电压继电器

根据实际应用的要求，电压继电器分为过电压继电器、欠电压继电器和零电压继电器三种。过电压继电器是在电压为额定电压的 105%～120% 以上时动作（正常电压时处于释放状态），常用的过电压继电器为 JT4-A 系列。零电压继电器是欠电压继电器的一种特殊形式，是指当继电器的端电压降至或接近零时才会动作的电压继电器。欠电压继电器和零电压继电器在电路正常工作时，衔铁与铁心是吸合的，当电压降到额定电压的 40%～70% 时，欠电压继电器的衔铁释放；当电压降低至额定电压的 10%～25% 时，零电压继电器动作。

2. 电压继电器动作电压的整定方法

（1）吸合电压的整定方法 对于交、直流电压继电器均可采用滑动变阻器分压的方法来获取继电器的吸合电压 U_o，如图 2-12 所示，合上电源开关 Q 接通电源，改变滑动变阻器的电阻值，将输出电压调节到电压继电器要求的吸合电压值，并保持滑动端 A 不再改变。

这时改变电压继电器 KV 释放弹簧的松紧程度，直至衔铁刚好吸合动作为准。图中指示灯 HL 用于指示继电器动作。

（2）释放电压的整定方法　释放电压 U_r 的整定实验电路与图 2-12 相同，但整定方法不同。先将滑动变阻器滑动端置于吸合电压的位置，然后合上电源开关 Q，此时继电器衔铁吸合，再移动滑动变阻器滑动端，使滑动变阻器输出电压降低，当线圈电压减小到所要求的释放电压值时，若衔铁不释放，则断开电源开关，移动滑动端返

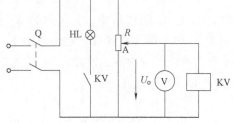

图 2-12　电压继电器吸合电压的整定

回吸合电压位置，在继电器衔铁内侧面加装非磁性垫片后，重新合上 Q 使衔铁吸合，再移动滑动端，使滑动变阻器输出电压减小至所要求的释放电压值。若衔铁还不释放，则再断开 Q，增加非磁性垫片厚度，重复上述过程，直至衔铁在所要求的释放电压值刚好产生释放动作时为止。这时指示灯 HL 由亮转为灭，表示衔铁从吸合状态转为释放状态。

3. 电压继电器图形和文字符号

电压继电器的图形符号如图 2-13 所示，其文字符号为 KV。

4. 电压继电器的选择

电压继电器的选择主要依据继电器的触头数目、线圈额定电压及继电器触头种类等进行。

四、电流继电器

用来反映电流变化的继电器叫电流继电器。电流继电器的线圈为电流线圈，串联在被测电路中，其匝数少、导线粗且阻抗小。电流继电器可分为过电流继电器和欠电流继电器两种。

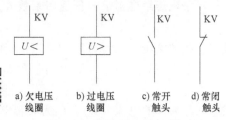

a) 欠电压线圈　　b) 过电压线圈　　c) 常开触头　　d) 常闭触头

图 2-13　电压继电器的符号

1. 过电流继电器

过电流继电器主要用于电路的过电流保护。在电路正常工作时，过电流继电器不动作，当电流超过某一整定值时才动作。通常，交流过电流继电器的吸合电流 $I_o = (1.1 \sim 3.5) I_N$，直流过电流继电器的吸合电流 $I_o = (0.75 \sim 3) I_N$。

常用的过电流继电器有 JT4 系列交流通用继电器和 JL14 系列交直流通用继电器。在 JT4 系列过电流继电器的电磁系统中安装不同的线圈，便可制成过电流、欠电流、过电压或欠电压等继电器。JT4 系列通用继电器的主要技术数据见表 2-5，其结构及工作原理如图 2-14 所示。

2. 欠电流继电器

当通过继电器的电流减小到低于其整定值时就会动作的继电器称为欠电流继电器。正常工作时，由于流过电磁线圈的负载电流大于继电器的吸合电流，所以衔铁处于吸合状态。当负载电流降低至继电器释放电流时，衔铁释放，即触头动作。一般认为直流电路欠电流不需要保护，这是错误的，如直流电动机励磁回路断路或励磁电

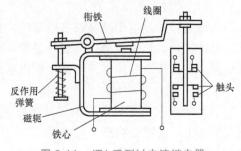

图 2-14　JT4 系列过电流继电器

表 2-5　JT4 系列通用继电器的主要技术数据

型号	可调参数调整范围	标称误差	返回系数	触头数量	吸引线圈额定电压（或电流）	消耗功率	复位方式	机械寿命/万次	电寿命/万次	质量/kg
JT4—□□A 过电压继电器	吸合电压(1.05~1.20)U_n		0.1~0.3	1 常开 1 常闭	110V、220V、380V			1.5	1.5	2.1
JT4—□□P 零电压（或中间）继电器	吸合电压(0.60~0.85)U_n 释放电压(0.10~0.35)U_n	±10%	0.2~0.4	1 常开 1 常闭 或 2 常开 或 2 常闭	110V、127V、220V、380V	75W	自动	100	10	1.8
JT4—□□L 过电流继电器	吸合电流(1.10~3.50)I_n		0.1~0.3		5A、10A、15A、20A、40A、80A、150A、300A、600A	5W		1.5	1.5	1.7
JT4—□□S 手动过电流继电器							手动			

流过小，将会造成直流电动机飞车等事故，而交流电路的欠电流一般不需要保护才是正确的。因此，在电器产品中有直流欠电流继电器而无交流欠电流继电器。欠电流继电器的动作电流为线圈额定电流的 30%~65%，释放电流为线圈额定电流的 10%~20%。

3. 电流继电器动作电流的整定方法

(1) 吸合电流 I_0 的整定方法　对于直流电流继电器，可在其线圈中通入直流电并逐渐增大，直到达到所要求的吸合电流值，然后调节电流继电器释放弹簧的松紧，直到衔铁刚好产生吸合动作为止。至此吸合电流整定完成。

对于交流电流继电器，可采用大电流发生器来进行整定，如图 2-15 所示。单相交流电源经单相调压器供给大电流发生器的一次侧，大电流发生器的二次侧串联交流电流继电器线圈。整定方法是：先将单相调压器滑动端置于调压器输出电压为零的位置，合上电源开关 Q，移动调压器滑动端，使调压器输出电压由零逐渐增加，这时大电流发生器的二次电流也逐渐增加，直至增加到所要求的吸合电流值。然后调节释放弹簧的松紧，直至衔铁刚好产生吸合动作为止。

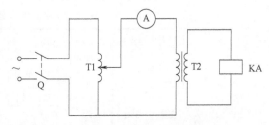

图 2-15　交流电流继电器吸合电流的整定
T1—单相调压器　T2—大电流发生器
KA—交流电流继电器

(2) 释放电流 I_r 的整定方法　交、直流电流继电器释放电流的整定电路与相应的吸合整定电路相同，但具体的释放电流整定方法类似于电压继电器释放电压的整定方法，故此不再重复。

由于过电流继电器对释放电流无固定要求，可不整定；但对于欠电流继电器，释放电流是一个重要参数，因此必须整定。

4. 电流继电器的图形和文字符号

电流继电器的图形符号如图 2-16 所示，文字符号为 KA。

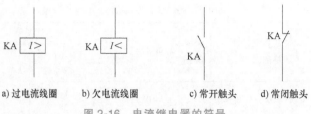

a) 过电流线圈   b) 欠电流线圈   c) 常开触头   d) 常闭触头

图 2-16　电流继电器的符号

5. 电流继电器的选择

电流继电器的触头种类、数量、额定电流及复位方式应满足控制电路的要求，其中过电流继电器的整定值一般取被控电动机额定电流的 1.7~2 倍，对于频繁起动场合可取电动机额定电流的 2.25~2.5 倍。

五、中间继电器

中间继电器的结构及工作原理与接触器基本相同，因此又叫接触器式继电器。但中间继电器的触头对数多，且没有主辅之分，各对触头允许通过的电流大小相同（多为 5A）。常用的中间继电器有 JZ7、JZ14 等系列。其主要用途是用来增加控制电路中的信号数量或将信号放大，对于工作电流小于 5A 的电气控制电路，也可用中间继电器取代接触器。

中间继电器的图形符号如图 2-17 所示，文字符号为 KA。

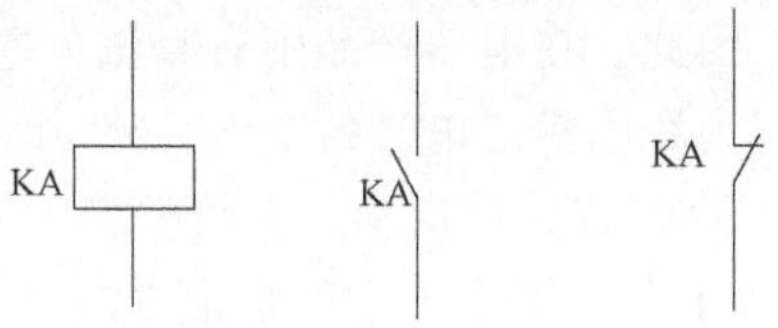

a) 线圈   b) 常开触头   c) 常闭触头

图 2-17　中间继电器的符号

中间继电器的主要技术数据见表 2-6。

表 2-6　中间继电器的主要技术数据

型号	电压种类	触头额定电压/V	触头额定电流/A	触头组合 常开	触头组合 常闭	额定操作频率/次·h⁻¹	通电持续率	吸引线圈电压/V	吸引线圈消耗功率
JZ7-44	交流	380	5	4	4	1200	40%	12、24、36、48、110、127、380、420、440、500	12V·A
JZ7-62				6	2				
JZ7-80				8	0				
JZ11-□□J/□	交流	380	5	6	2	2000	60%	110、127、220、380	10V·A
JZ11-□□JS/□	交流	380							
JZ11-□□JP/□	交流	380		4	4				
JZ11-□□Z/□	直流	220						12、24、48、110、220	7.5W
JZ11-□□ZS/□	直流	220							
JZ11-□□ZP/□	直流	220		2	6				
JZ14-□□J/□	交流	380	5	6	2	2000	40%	110、127、220、380	10V·A
				4	4				
JZ14-□□Z/□	直流	220		2	6			24、48、110、220	7W
JZ15-□□J/□	交流	380	10	6	2	1200	40%	36、127、220、380	起动 65V·A 吸持 11V·A
JZ15-□□Z/□	直流	220	10	4 2	4 6	1200	40%	24、48、110、220	11W

六、时间继电器

自得到动作信号起至触头动作或输出电路发生改变需经过一定时间，且该时间符合相应准确度要求的继电器叫时间继电器。时间继电器的种类很多，按动作原理分有电磁式、电动式、空气阻尼式和晶体管式等多种；按延时方式分则有通电延时型和断电延时型两种。

1. 电磁式时间继电器

电磁式时间继电器结构简单、价格低廉且寿命长，但体积较大、延时时间较短且只能用于直流断电延时，常用产品有 JT3 和 JT18 系列。

2. 电动式时间继电器

电动式时间继电器的延时精度高、延时可调范围大（由几分钟到几小时），但结构复杂、价格高。常用的产品有 JS11 系列。电动式时间继电器有通电延时型和断电延时型两种。图 2-18 为 JS11 系列通电延时型时间继电器的结构。

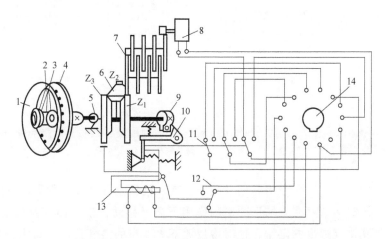

图 2-18　JS11 系列通电延时型时间继电器结构

1—延时整定处　2—指针定位　3—指针　4—刻　5—复位游丝　6—差动轮系　7—减速齿轮　8—同步电动机
9—凸轮　10—脱扣机构　11—延时触头　12—瞬时触头　13—离合电磁铁　14—插头

当只接通同步电动机电源时，齿轮 Z_2 和 Z_3 绕轴空转而转轴本身不转。如需要延时，则接通离合电磁铁线圈回路，使离合电磁铁的衔铁吸合，从而使齿轮 Z_3 刹住。齿轮 Z_2 继续转动并带动轴一起转动，当固定在轴上的凸轮转动到适当位置时就会推动脱扣机构使延时触头组产生相应的动作，同时切断同步电动机的电源。需要复位时，只要将离合电磁铁的线圈电源切断，所有的机构就都将在复位游丝的作用下，立即回到动作前的位置，并为下一次动作做好准备。

改变整定装置中定位指针的位置即改变凸轮的初始位置，可以改变延时设定时间。整定时要求离合电磁铁的线圈断电。

目前，电动式时间继电器除 JS11 系列外，还有高精度电动式时间继电器 3PR 系列和 3PX 系列，其中 3PX 系列为密封型，安装方式有卡轨式、螺钉式和板面式三种。

3. 空气阻尼式时间继电器

空气阻尼式时间继电器又称气囊式时间继电器，是利用空气阻尼的原理获得延时的。根据触头延时的特点，空气阻尼式时间继电器可分为通电延时动作型和断电延时复位型两种。现以 JS7-A 系列空气阻尼式时间继电器为例介绍其工作原理，其结构如图 2-19 所示，其中图 2-19a 所示为通电延时型，图 2-19b 为断电延时型。

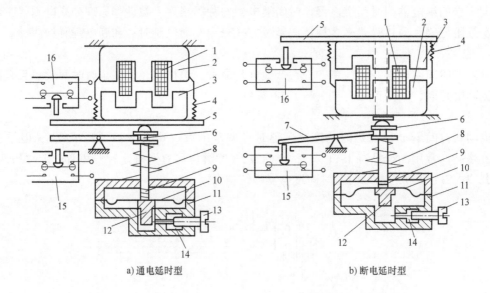

a) 通电延时型   b) 断电延时型

图 2-19 JS7-A 系列空气阻尼式时间继电器结构

1—线圈 2—铁心 3—衔铁 4—反力弹簧 5—推板 6—活塞杆 7—杠杆 8—塔形弹簧 9—弱弹簧
10—橡皮膜 11—气室壁 12—活塞 13—调节螺杆 14—进气孔 15、16—微动开关

当线圈通电后，铁心产生吸力将衔铁吸合，带动推板立即动作，使微动开关受压，其触头也瞬时动作，同时活塞杆在宝塔形弹簧的作用下向上移动，带动活塞及橡皮膜向上移动，移动速度受进气孔进气速度的限制，这时橡皮膜下方气室的空气稀薄，与橡皮膜上方的空气形成压力差（负压），对活塞的移动产生阻尼作用，所以活塞杆只能缓慢地向上移动，直到经过一段时间后，活塞才能完成全部行程而压动微动开关，使其常闭触头断开，常开触头闭合，达到通电延时的目的。这种时间继电器延时时间的长短取决于进气孔的大小，进气孔的大小可通过调节螺杆调整。

当线圈断电时，衔铁在反力弹簧的作用下被释放，并通过活塞杆将活塞推向下端，这时橡皮膜下方气室内的空气通过橡皮膜、弱弹簧和活塞的局部所形成的单向阀迅速从橡皮膜上方的气室缝隙中排掉，使微动开关各对触头迅速复位。

JS7-A 系列通电延时动作型和断电延时复位型时间继电器的组成零部件是通用的。将通电延时动作型时间继电器的电磁机构翻转 180°安装即可成为断电延时型复位时间继电器。其工作原理可参照图 2-19 自行分析。

空气阻尼式时间继电器的优点是结构简单、延时范围大（0.4～180s）、寿命长且价格低；其缺点是延时误差大，不能精确地整定延时值。因此，适合应用于延时精度要求不高的场合。

JS7-A 系列空气阻尼式时间继电器的主要技术数据见表 2-7。

表 2-7 JS7-A 系列空气阻尼式时间继电器的主要技术数据

型号	瞬时动作触头对数		有延时的触头对数				线圈额定电压/V	触头额定电压/V	触头额定电流/A	延时范围/s	额定操作频率/(次/h)
			通电延时		断电延时						
	常开	常闭	常开	常闭	常开	常闭					
JS7-1A	—	—	1	1	—	—	24、36、110、127、220、380、420	380	5	0.4~60 及 0.4~180	600
JS7-2A	1	—	1	1	—	—					
JS7-3A	—	—	—	—	1	1					
JS7-4A	1	1	—	—	1	1					

4. 时间继电器的图形和文字符号

时间继电器的图形符号如图 2-20 所示,其文字符号为 KT。时间继电器的触头常常容易画错,尤其在旋转的情况下要特别注意。对于一个时间继电器来讲,它可以具有瞬动触头和延时触头,但不会同时具有通电延时和断电延时触头。

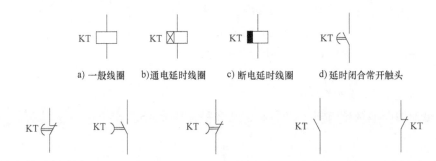

a) 一般线圈　b)通电延时线圈　c)断电延时线圈　d)延时闭合常开触头

e)延时断开常闭触头　f)瞬时断开常开触头　g)延时闭合常闭触头　h)瞬时动作常开触头　i)瞬时动作常闭触头

图 2-20 时间继电器的符号

5. 时间继电器的选用

对于延时精度要求不高的场合一般选用空气阻尼式时间继电器;对于延时精度要求较高的场合,可选用电动式或电子式时间继电器。

对于空气阻尼式时间继电器,其线圈电流的种类和电压等级应与控制电路相同;对于电动式和电子式时间继电器,其电源的种类和电压等级也应与控制电路相同。

按控制电路要求决定是采用通电延时型时间继电器还是采用断电延时型时间继电器,以及时间继电器触头延时形式和触头数量。同时还要考虑操作频率是否符合控制电路要求。

七、速度继电器

速度继电器主要用来检测旋转物体或机械的转速,并根据转速动作。在使用时应将速度继电器的转轴与电动机同轴连接,且因为速度继电器的触头具有方向性,在接线时正、反方向触头不能接错。速度继电器的金属外壳应可靠接地。

机床电路中常用的速度继电器有 JY1 型和 JFZ0 型。其中,JY1 型可在 100~3000r/min 的转速范围内可靠地工作,JFZ0-1 型适用于 300~1000r/min 的转速范围,JFZ0-2 型适用于 1000~3600r/min 的转速范围。

1. 速度继电器的结构和工作原理

JY1 型速度继电器的结构和工作原理如图 2-21 所示。它主要由定子、转子和触头三部分组成。转子用永久磁体制成，定子由硅钢片叠压而成，并装有笼型短路绕组。触头系统由两组触头组成，分别在转子正转和反转时动作。

速度继电器的工作原理为：当电动机工作时，带动与电动机同轴连接的速度继电器的转子旋转，永久磁体的磁场由静止变为旋转，因此在定子绕组中产生感应电流，感应电流与旋转磁场相互作用产生电磁转矩，使定子随转子的转动方向偏转，定子偏转到一定角度时，装在定子上的胶木摆杆推动簧片，使继电器的触头动作。当电动机的转速降低至一定程度时，定子产生的转矩减小，胶木摆杆复位，触头在簧片作用下也复位。

速度继电器的动作转速一般为 120r/min，复位转速约在 100r/min 以下，通过对调节螺钉的调节可改变速度继电器的动作转速，以适应不同控制电路的要求。

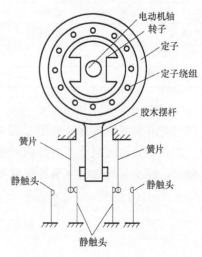

图 2-21 JY1 型速度继电器的结构

2. 速度继电器的图形和文字符号

速度继电器的图形符号如图 2-22 所示，其文字符号为 KS。

a) 继电器转子　　　　b) 常开触头　　　　c) 常闭触头

图 2-22 速度继电器的符号

3. 速度继电器的主要技术数据

常用速度继电器的主要技术数据见表 2-8。

表 2-8　速度继电器的主要技术数据

型号	触头额定电压 /V	触头额定电流 /A	触头对数		额定工作转速 /(r/min)	允许操作频率 /(次/h)
			正转动作	反转动作		
JFZ0-1			1 常开 1 常闭	1 常开 1 常闭	300～1000	
JFZ0-2	380	2	1 常开 1 常闭	1 常开 1 常闭	1000～3600	<30
JY1			1 组转换触头	1 组转换触头	100～3000	

八、电磁式继电器的选择与使用

1. 使用类别的选择

继电器的典型用途是控制交、直流电路，如用于控制交、直流接触器的线圈等。由于使用类别决定了继电器所控制的负载性质，因此这也是选用继电器的主要依据。

2. 额定工作电压、额定工作电流的确定

继电器在相应使用类别下触头的额定工作电压 U_N 和额定工作电流 I_N 表征了该继电器触头切换电路的能力。选用时，继电器的最高工作电压可为该继电器的额定绝缘电压，继电器的最高工作电流一般应小于该继电器的额定发热电流。线圈的额定电压则要做到与电源电压相匹配。

3. 考虑不同工作制

继电器一般适用于八小时工作制（间断长期工作制）、反复短时工作制和短时工作制等不同工作制的场合，由于工作制不同，对继电器的过载能力要求也不同。如交流电压（或中间）继电器在反复短时工作制的状态下，其在吸合时会有较大的起动电流，因此这种状态下它的负载反而比长期工作制时要重，选用时要充分考虑到这一点，且使用中的实际操作频率要低于额定操作频率。

4. 返回系数的调节

对于电压和电流继电器，应根据控制要求调节继电器的返回系数。在实际工作中，通常采用增加衔铁吸合后的气隙、减小衔铁打开后的气隙，以及适当放松释放弹簧等措施来达到增大返回系数的目的。

如图 2-23 所示为继电器的外观图。

a) JZ7系列中间继电器

b) JZC1系列接触器式继电器

c) NJQX-11通用型小型大功率电磁式继电器

d) JMK通用型小型大功率电磁式继电器

e) DZ-10系列中间继电器

f) NJB1-Y单相电压继电器

图 2-23　继电器外观图

第四节　热继电器

知识目标	➤掌握热继电器的作用。 ➤了解热继电器的结构和动作原理。 ➤掌握热继电器的使用和选择方法。 ➤掌握热继电器的图形和文字符号。
能力目标	➤能正确选择热继电器。 ➤能正确完成热继电器在电路中的接线。 ➤能正确维护和检修热继电器。

要点提示：

　　热继电器是利用流过继电器的电流在发热元件上产生的热效应而动作的继电器，它主要用于电动机的过载保护、断相保护、电流不平衡运行的保护及其他电气设备发热状态的控制，因此认为热继电器只用于电动机的过载保护的想法是错误的。由于热惯性的存在，在短路电流出现时热继电器也不可能瞬时动作，所以依靠热继电器构成短路保护的想法也是错误的。

一、热继电器的结构及工作原理

1. 结构

　　目前我国生产的 JR36、JRS1 等系列热继电器得到广泛应用。图 2-24 为 JR36 系列热继电器的外形和结构图。

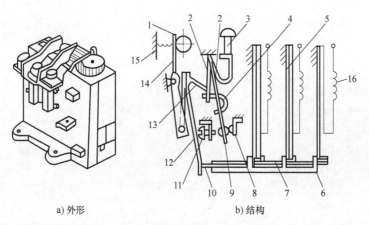

a) 外形　　　　　　　b) 结构

图 2-24　JR36 系列热继电器的外形和结构图

1—电流调节凸轮　2—片簧　3—手动复位按钮　4—弓簧　5—主双金属片　6—外导板　7—内导板　8—静触头
9—动触头　10—杠杆　11—复位螺钉　12—补偿双金属片　13—推杆　14—连杆　15—压簧　16—电阻丝

它主要由热元件、动作机构、触头系统、电流整定装置、温度补偿元件以及复位机构等部分组成。

（1）热元件　热元件是热继电器的测量元件，由主双金属片和电阻丝组成。主双金属片是将两种不同线膨胀系数的金属片用机械碾压方式使之形成一体。金属片的材料多采用铁镍铬合金或铁镍合金。电阻丝则一般用铜合金或镍铬合金等材料制成。

（2）动作机构和触头系统　动作机构是由杠杆及弓簧式瞬跳机构组成的，它可保证触头动作迅速、可靠。触头一般由一个常开触头和一个常闭触头组成。

（3）电流整定装置　该装置通过电流调节凸轮和旋钮来调节推杆间隙，改变推杆可移动距离，进而调节整定电流值。

（4）温度补偿元件　为了补偿周围环境温度所带来的影响，设置了补偿双金属片，其受热弯曲的方向与主双金属片一致，它可保证热继电器在-30～+40℃环境温度内动作特性基本不变。

（5）复位机构　复位机构可分为手动和自动两种形式，通过调整复位螺钉可自行选择。手动复位时间一般不大于5min，自动复位时间不大于2min。

2. 工作原理

热继电器的热元件串联在电动机的定子绕组中，常闭触头串联在控制电路的接触器线圈回路中，当电动机过载时，通过热元件的电流超过热继电器的整定电流使热元件发热，主双金属片受热向右弯曲，经过一定时间后，双金属片推动导板使热继电器触头动作，接触器线圈断电，进而切断电动机主电路，达到保护目的。电源切除后，主双金属片逐渐冷却恢复原位，动触头在弓簧的作用下自动复位。

热继电器的动作电流与周围环境温度有关，当环境温度变化时，主双金属片会发生零点飘移，即热元件未通过电流时主双金属片就已发生变形，这会导致热继电器在一定动作电流下的动作时间产生误差，为了补偿这种影响，热继电器还设置了补偿双金属片。当环境温度变化时，补偿双金属片与主双金属片的弯曲方向一致，这样保证了热继电器在同一整定电流下动作行程基本不变。

二、热继电器的保护特性

热继电器具有反时限特性，所谓反时限特性是指电器的延时动作时间随通过电路电流的增加而缩短。热继电器的保护特性见表2-9。

表2-9　热继电器的保护特性

序号	整定电流倍数	动作时间	试验条件
1	1.05	>2h	冷态
2	1.2	<2h	热态
3	1.6	≥2min	热态
4	6	5s	冷态

由表2-9可知，热继电器整定电流倍数越大（即过载电流越大），容许过载的时间越短。为了最大限度地发挥电动机的过载能力，并非一发生过载便切断电源就好。为了适应电动机

过载特性，又能起到过载保护的作用，这就要求热继电器具有如同电动机容许过载特性那样的反时限特性，用两条曲线表示，如图 2-25 所示。如果电动机发生过载，热继电器会在电动机尚未达到其容许过载的极限之前动作，从而切断电动机电源，这样既可以使电动机免遭损坏，又可以使电动机被充分利用。

三、具有断相保护的热继电器

三相电源的断相或电动机绕组断相是导致电动机过热烧毁的主要原因之一，而普通结构的热继电器能否对电动机实施断相保护，取决于电动机绕组的接法。

当电动机的绕组采用星形联结时，若运行中发生断相，因流过热继电器热元件的电流就是电动机绕组的电流，所以热继电器能够及时反映出绕组的过载情况，故两相结构的热继电器就可以进行断相保护。

当电动机绕组采用三角形联结时，在正常情况下，线电流为相电流的 $\sqrt{3}$ 倍，在额定情况下，存在 $I_N = \sqrt{3} I_{PN}$（假设每相绕组的额定电流为 I_{PN}）。若电动机在运行中发生一相断路，如图 2-26 所示，且仍带额定负载运行，线电流在断相运行时将增大为额定电流 I_N 的 $\sqrt{3}$ 倍，在 58% 额定负载且功率因数不变的情况下，线电流将达到额定电流 I_N，所以按额定电流选择的热继电器不动作。此时 $I_{P1} + I_{P3} = I_N = \sqrt{3} I_{PN}$，$I_{P3} = 1.15 I_{PN}$，$I_{P1} = I_{P2} = 0.5 I_{P3} = 0.58 I_{PN}$。因而有可能出现这种情况：电动机在 58% 额定负载下运行，发生一相断路时，热继电器不动作，其中一相绕组中的电流达 1.15 倍额定相电流，长期运行存在烧毁的可能性。

由以上分析可知，若将热元件串联在三角形联结的电动机的电源进线中，且按电动机的额定电流来选择热继电器，当故障线电流达到额定电流时，在电动机绕组内部，非故障相流过的电流将超过其额定电流，而流过热继电器的电流却未超过热继电器的整定值，所以热继电器不会动作，电动机的绕组可能会烧毁。

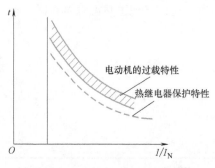

图 2-25　热继电器保护特性与电动机
过载特性及其配合

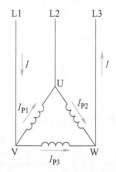

图 2-26　电动机绕组为三角形联结时
U 相断路时电流情况

为给三角形联结的电动机实行断相保护，要求热继电器还应具备断相保护功能。JR36系列中部分热继电器带有差动式断相保护装置，其结构及工作原理如图 2-27 所示。热继电器的导板采用差动结构，在发生断相故障时，该相（故障相）主双金属片逐渐冷却，向右移动，并带动内导板同时右移，这样内导板和外导板就产生了差动作用，这种作用通过杠杆的放大使热继电器迅速动作，切断控制电路，于是电动机得到保护。

四、热继电器典型产品介绍

常用的热继电器有 JR20、JR36、T、3UA5（6）、LR1-D 和 JRS1 等系列。

1. JR20、JR36 系列热继电器

JR20、JR36 系列热继电器是一种双金属片式热继电器，适用于交流 50Hz、额定电压 660V 和电流 630A 及以下的电力拖动系统，能在三相电流严重不平衡时起保护作用，并具有断相保护、温度补偿、整定电流可调、手动和自动复位等功能。JR20 系列热继电器采用三相立体布置式结构。此外 JR20 系列热继电器还具有动作脱扣灵活性检查、动作指示及断开检验等功能，并可与 CJ20 相接。

2. T 系列热继电器

T 系列热继电器是根据 ABB 公司技术标准生产的产品，主要用于交流 50Hz 或 60Hz、电压 660V 及以下和电流 500A 及以下的电力电路中，为三相交流电动机提供过载保护和断相保护。该系列热继电器具有整定电流调节装置，脱扣机构有摩擦式、跳跃式和背包跳跃式三种，复位方式除 T16 为手动复位，T85 为自动或手动复位外，其他型号的 T 系

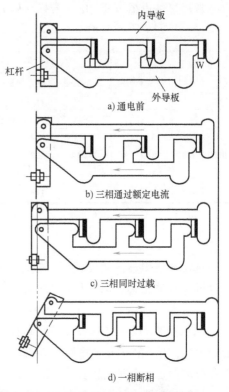

图 2-27　差动式断相保护装置的结构及工作原理

列热继电器均同时具有手动和自动复位。T 系列热继电器的规格齐全，整定电流可达 500A，其派生产品 T-DU 系列的整定电流最大可达 850A，是与新型 EB、EH 系列接触器配套的产品。该系列热继电器与接触器的连接方式有插接式、独立式和带轨独立式。

3. 3UA5、3UA6 系列热继电器

3UA5、3UA6 系列热继电器是引进西门子公司的技术生产的热继电器，适用于交流电压 660V 及以下、电流 0.1~630A 的电路，为三相交流电动机提供过载保护和断相保护。其热元件的整定电流范围在各型号之间有交叉，便于选用。在结构上，3UA5、3UA6 系列热继电器的三相主双金属片共用一个动作机构，动作指示和电流调节机构则位于双金属片的上部，为立体式结构。3UA5 系列热继电器可安装在 3TB 系列接触器上组成电磁起动器。

4. LR1-D 系列热继电器

LR1-D 系列热继电器是引进 TE 公司专有技术生产的热继电器，具有体积小、重量轻、寿命长和功耗小等特点。适用于在交流 50Hz 或 60Hz、电压 660V 及以下，和电流 80A 及以下的电路中接通与分断主电路，以实现对电动机的过载保护和断相保护。

5. JRS1 系列热继电器

JRS1 系列热继电器主要用于交流 50Hz/60Hz、电压 690V 及以下，电流（0.1~80）A 的长期工作或间断长期工作的交流电动机的过载与断相保护。具有断相保护、温度补偿、动作指示、手动复位和停止功能（手动复位与停止功能通过一按钮实现），该系列产品动作可靠，可与接触器接插安装，也可独立安装。

常用热继电器（以 JR20 系列为例）的主要技术数据见表 2-10。

表 2-10　JR20 系列热继电器的主要技术数据

型号	额定电压/V	额定电流/A	相数	热元件 最小规格/A	热元件 最大规格/A	档数	断相保护	温度补偿	复位方式	动作灵活性检查装置	动作后的指示	触头数量（对）
JR20	660	6.3	3	0.1~0.15	5~7.4	14	无	有	手动或自动	有	有	1常闭,1常开
		16		3.5~5.3	14~18	6	有					
		32		8~12	28~36	6						
		63		16~24	55~71	6						
		160		33~47	144~170	9						

五、热继电器的选用

选用热继电器的主要根据是被保护电动机的工作环境、起动情况、负载性质、工作制及允许的过载能力等。以被保护电动机的工作制为依据时，热继电器的选择原则如下：

1. 长期工作制时热继电器的选择

（1）热继电器额定电流的选择与整定　一般按略大于电动机额定电流来选择热继电器的额定电流，热元件的整定电流一般为电动机额定电流的95%~105%。若电动机拖动的是冲击性负载或电动机起动时间较长，热继电器的整定电流值可取电动机额定电流的110%~150%；若电动机的过载能力较差，热继电器的整定电流可取电动机额定电流的60%~80%。

（2）热继电器结构形式的选择　当电动机定子绕组为星形联结时，选择带断相保护或不带断相保护的热继电器均可实现对电动机的断相保护；当电动机定子绕组为三角形联结时，必须选用带断相保护的三相热继电器。

2. 反复短时工作制时热继电器的选择

热继电器用于对反复短时工作制电动机的保护时应考虑热继电器的允许操作频率。当电动机起动电流为$6I_N$、起动时间为 1s、电动机满载工作且通电持续率为60%时，每小时允许操作次数最高不能超过 40 次。

对于频繁起停和正反转工作的电动机，不宜采用热继电器做过载保护，可选用埋入电动机绕组的电子式温度继电器来保护。

六、热继电器的图形及文字符号

热继电器的图形符号如图 2-28 所示，文字符号为 FR。

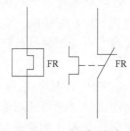

a)热元件　　b)常闭触头
图 2-28　热继电器的符号

图 2-29 为热继电器的外观图。

a) NR8系列热继电器

b) NR3系列热继电器

c) JRS1系列热继电器

d) JR36系列热继电器

e) NR4系列热继电器

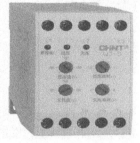

f) XJ3系列断相与相序保护热继电器

图 2-29　热继电器外观图

第五节　熔　断　器

知识目标	➤ 掌握熔断器的作用。 ➤ 了解熔断器的结构和动作原理。 ➤ 了解熔断器的种类和各种熔断器的使用场合。 ➤ 掌握熔断器的使用和选择方法。 ➤ 掌握熔断器的图形和文字符号。
能力目标	➤ 能正确选择熔断器。

要点提示：

熔断器是利用流过熔体的电流所产生的热效应原理而动作的电器，即当熔体的温度超过其熔点时熔体就会熔断而分断电路。熔断器是一种保护电器，广泛应用于配电电路的短路保护。由于短路电流会对其流经的电路（导体）和电器造成极大破坏，因此对短路保护电器的动作时间要求极高，一定要在保证电路安全的时间内切断短路电流（称为瞬时动作）。熔断器的动作时间取决于熔体温度上升的速度（短路电流越大温度上升越快）和熔断时所产生的电弧熄灭时间（短路电流越大灭弧时间越长），当短路电流足够大时，动作时间主要取决于灭弧时间。因此熔断器在设计和使用时都要考虑如何快速灭弧。此外，熔断器的分断电流并不是无穷大，任何一种熔断器都存在极限分断电流。

熔断器具有结构简单、使用维护方便且动作可靠等优点。

一、熔断器的结构及类型

1. 熔断器的结构

熔断器主要有熔体、熔管和熔座三部分组成。

熔体主要有两种类型，一种由铅、铅锡合金或锌等熔点较低的材料制成，多用于小电流电路；另一种由银或铜等熔点较高的材料制成，主要用于大电流电路。熔体多制成片状、丝状或栅状。

熔管是安装熔体的外壳，由绝缘耐热材料制成，在熔体熔断时兼有灭弧作用。

熔座是用来固定熔管和外接引线的底座。

2. 熔断器的类型

熔断器按结构形式分可分为半封闭插入式、无填料封闭管式、有填料封闭管式和自复式四类。

（1）RC1A 系列插入式熔断器　RC1A 系列插入式熔断器也叫瓷插式熔断器，其结构如图 2-30 所示。主要用于交流 50Hz、额定电压 380V 及以下和额定电流 200A 及以下的电路做短路保护。

（2）螺旋式熔断器　螺旋式熔断器的常用产品有 RL1、RL6、RL7 和 RLS2 等系列。图 2-31 为 RL1 系列螺旋式熔断器的结构示意图。该系列熔断器的熔断管内填充石英砂以增强灭弧能力。螺旋式熔断器具有熔断指示器，当熔体熔断时指示器也会自动脱落，为检修提供了方便。该系列产品具有较高的分断能力，主要用于为交流 50Hz、额定电压 380V 或直流额定电压 440V 及以下的电力拖动电路或成套配电设备提供短路保护。

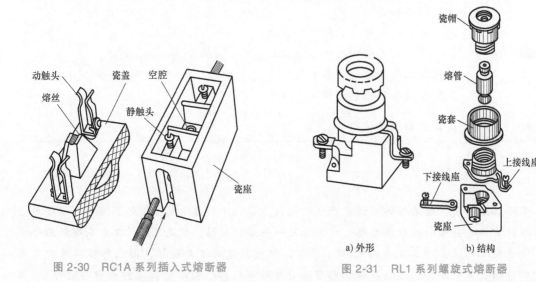

图 2-30　RC1A 系列插入式熔断器　　　　图 2-31　RL1 系列螺旋式熔断器

（3）封闭管式熔断器　封闭管式熔断器可分为有填料和无填料两种，RM10 系列为无填料封闭管式熔断器，其结构如图 2-32 所示。这种熔断器具有两个特点：一是其熔管是钢纸管制成的，当熔体熔断时熔管内壁会产生高压气体以加快电弧熄灭；二是熔体由锌片制成变截面形状，在短路故障时，变截面锌片的狭窄部位同时熔断，形成较大空隙，使电弧容易熄灭。RT0、RT12 等系列为有填料封闭管式熔断器，它们的熔管用高频电工陶瓷制成。熔体则是用网状纯铜片制成的，具有较大的分断能力，广泛应用于短路电流较大的电力输配电系统中，还可应用于带熔断器隔离器、开关熔断器等开关电器中。

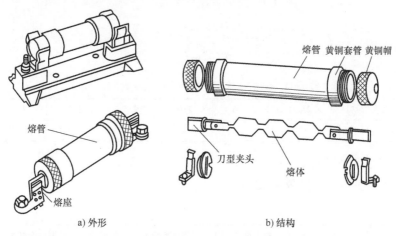

熔管　黄铜套管　黄铜帽

熔管

熔座

刀型夹头

熔体

a) 外形　　　　　　　　　　　　b) 结构

图 2-32　RM10 系列无填料封闭管式熔断器

（4）自复式熔断器　自复式熔断器的熔体是用非线性电阻制成的。当电路发生短路时，短路电流产生的高温使熔体迅速汽化（熔体安装在密闭的容器内），电阻值剧增，从而限制了短路电流。当故障清除后，温度下降，熔体重新固化，恢复原本良好的导电性。这种熔断器具有限流作用显著、动作时间短、动作后不必更换熔体且可重复使用等优点。但因为它熔而不断，不能真正分断电路，所以只能限制故障电流，因此实际应用中一般与低压断路器配合使用。常用产品有 RZ1 系列。

3. 新型熔断器

（1）快速熔断器　快速熔断器主要用于半导体功率器件的过电流保护。半导体器件承受过电流的能力差、耐热性差，而快速熔断器可满足对其的保护需要。常用的快速熔断器有 RS0、RS3 和 RLS2 等系列。RS0 和 RS3 系列适用于半导体整流器件和晶闸管的短路保护。RLS2 系列适用于小容量硅器件的短路保护。

（2）高分断能力熔断器　该熔断器是根据 AEG 公司制造技术标准生产的 NT 型系列熔断器，属高分断能力熔断器，其额定电压可达 660V，额定电流可达 1000A，分断能力可达 120kA，适用于工业电气装置、配电设备的短路保护。

二、熔断器的保护特性曲线及主要技术参数

1. 熔断器的保护特性曲线

熔断器的保护特性曲线又称安秒特性曲线，是表征在规定条件下流过熔体的电流与熔体的熔断时间的关系曲线。图 2-33 所示为熔断器的保护特性曲线，可以看出它是反时限曲线，即熔断器通过的电流越大，熔断时间越短。普通熔断器的熔断时间与熔断电流的关系见表 2-11。

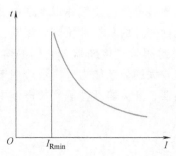

图 2-33　熔断器的保护特性曲线

表 2-11　熔断器的熔断时间与熔断电流的关系

熔断电流(额定电流倍数)	1.25~1.3	1.6	2.0	2.5	3.0	4.0	10.0
熔断时间/s		3600	40	8	4.5	2.5	0.4

2. 熔断器的主要技术参数

常用熔断器的主要技术参数见表 2-12。

表 2-12　常用熔断器的主要技术参数

类别	型号	额定电压/V	额定电流/A	熔体额定电流等级/A	极限分断能力/kA	功率因数
插入式熔断器	RC1A	380	5	2.5	0.25	0.8
			10	2、4、6、10	0.5	
			15	6、10、15		
			30	20、25、30	1.5	0.7
			60	40、50、60	3	0.6
			100	80、100		
			200	120、150、200		
螺旋式熔断器	RL1	500	15	2、4、6、10、15	2	≥0.3
			60	20、25、30、35、40、50、60	3.5	
			100	60、80、100	20	
			200	100、125、150、200	50	
	RL2	500	25	2、4、6、10、15、20、25	1	
			60	25、35、50、60	2	
			100	80、100	3.5	
无填料封闭管式熔断器	RM10	380	15	6、10、15	1.2	0.8
			60	15、20、25、35、45、60	3.5	0.7
			100	60、80、100	10	0.35
			200	100、125、160、200		
			350	200、225、260、300、350		
			600	350、430、500、600	12	0.35
有填料封闭管式熔断器	RT0	交流 380 直流 440	100	30、40、50、60、100	交流 50 直流 25	>0.3
			200	120、150、200、250		
			400	300、350、400、450		
			600	500、550、600		

（续）

类别	型号	额定电压/V	额定电流/A	熔体额定电流等级/A	极限分断能力/kA	功率因数
快速熔断器	RLS2	500	30	16、20、25、30	50	0.1~0.2
			63	35、50、63		
			100	75、80、90、100		
高分断能力熔断器	NT	500	160	4、10、16、25、40、125、160	120	0.1~0.3
			250	80、125、160、200、224、250		
			400	125、160、200、250、200、400		
			630	315、355、400、425、500、630		
		380	1000	800、1000	100	

三、熔断器的图形和文字符号

熔断器的图形符号如图 2-34 所示，其文字符号为 FU。

四、熔断器的选择

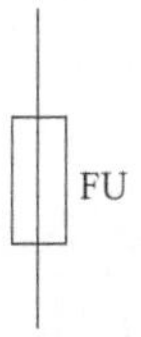

熔断器的选择包括类型选择、熔断器的额定电压和额定电流的选择以及熔体额定电流的选择等。

图 2-34 熔断器的符号

1. 熔断器的类型选择

熔断器的类型应根据其使用环境、负载性质和各类熔断器的适用范围来选择。例如用于照明电路或容量较小的电热负载，可选用 RC1A 系列插入式熔断器；在机床控制电路中，较多选用 RL1 系列螺旋式熔断器；用于半导体器件及晶闸管的保护时，可选用 RLS2 或 RS0 系列快速熔断器；在一些有易燃气体或短路电流相当大的场合，则应选用 RT0 系列具有较大分断能力的熔断器。

2. 熔断器的额定电压和额定电流的选择

熔断器的额定电压必须等于或大于被保护电路的额定电压；熔断器的额定电流必须等于或大于所装熔体的额定电流。

3. 熔体额定电流的选择

（1）对阻性负载电路（如照明电路或电热负载） 熔体的额定电流应等于或稍大于负载的额定电流。

（2）对电动机负载 熔体额定电流的选择要考虑冲击电流的影响，对一台不经常起动且起动时间不长的电动机的短路保护，熔体的额定电流（I_{fu}）应大于或等于 1.5~2.5 倍的电动机额定电流 I_N，即

$$I_{fu} \geqslant (1.5 \sim 2.5) I_N \tag{2-3}$$

式中，I_N 是电动机的额定电流（A）。

当电动机需要频繁起动或起动时间较长时，上式的系数取值范围应改为 3~3.5。

对于多台电动机的短路保护，熔体的额定电流应大于或等于容量最大的电动机的额定电流加上其余电动机额定电流的总和，即

$$I_{fu} \geqslant (1.5 \sim 2.5) I_{Nmax} + \sum I_N \tag{2-4}$$

式中，I_{Nmax} 是容量最大的一台电动机的额定电流（A）；$\sum I_N$ 是其他电动机的额定电流的总和。

4. 额定分断能力的选择

熔断器的额定分断能力应大于电路中可能出现的最大短路电流。

5. 熔断器保护特性的选择

在电路系统中，为了把故障影响缩小到最小范围，熔断器与低压断路器应具备选择性的保护特性，即要求电路中某一支路发生短路故障时，只有距离故障点最近的熔断器动作，而主回路的熔断器或低压断路器不动作，这种合理的配合称为选择性配合。在实际应用中可分为熔断器上一级和下一级的选择性配合以及低压断路器与熔断器的选择性配合等。对于熔断器上下级之间的配合，一般要求上一级熔断器的熔断时间至少是下一级的 3 倍；当上下级选用同一型号的熔断器时，其电流等级以相差 2 级为宜；若上下级所用的熔断器型号不同，则应根据保护特性上给出的熔断时间来选择。对于断路器与熔断器的选择性配合，具体选择要参考各电器的保护特性。

例如有三台三相异步电动机连接在同一电源上，功率分别为 11.5kW、7.5kW 和 1.5kW，在为各台电动机选择熔断器和总熔断器时可采用如下方式：根据 $I_N = 2P_N$ 估算电动机的额定电流分别为 23A、15A 和 3A，而各电动机电路保护熔断器的计算电流分别为：$I_{fu1} \geq (1.5 \sim 2.5) I_{N1} = (34.5 \sim 57.5)$ A、$I_{fu2} \geq (1.5 \sim 2.5) I_{N2} = (22.5 \sim 37.5)$ A 以及 $I_{fu3} \geq (1.5 \sim 2.5) I_{N3} = (4.5 \sim 7.5)$ A，在选用 RC1A 系列熔断器时，可分别选用 40A 或 50A、25A 或 30A 以及 4~6A 的熔断器，并在选择时考虑各台电动机负载的电流冲击性大小，电流冲击性较大时选较大值，冲击性较小时选较小值；总熔断器的额定电流为：$I_{fu} \geq (1.5 \sim 2.5) I_{N\max} + \sum I_N = (1.5 \sim 2.5) I_{N1} + I_{N2} + I_{N3} = (52.5 \sim 75.5)$ A。当总熔断器选 60A，各电动机熔断器分别选 50A、30A 和 6A 时就会出现上下级熔断器只相差 1 级的情况，不符合电流等级以相差 2 级为宜的规定，即发生了上下级熔断器失配，为解决这一问题可通过调整上下熔断器的额定电流来达到合理配合。

第六节　低压断路器

知识目标	➤ 掌握低压断路器的作用。 ➤ 了解低压断路器的结构和动作原理。 ➤ 了解低压断路器的类型。 ➤ 了解低压断路器的主要参数。 ➤ 掌握低压断路器的使用和选择方法。 ➤ 掌握低压断路器的图形和文字符号。
能力目标	➤ 能正确选择低压断路器。 ➤ 能正确完成低压断路器在电路中的接线。 ➤ 能正确维护和检修低压断路器。

要点提示：

低压断路器集控制和多种保护功能于一体，可用于电路的不频繁通断控制和控制电动机，在电路发生短路、过载或欠电压等故障时，低压断路器能自动切断故障电路。传统的保护模式是用热继电器做过载和断相保护，用熔断器做过载保护，用接触器或电压继电器做欠电压保护，但采用低压断路器就可改变这一保护模式，且低压断路器具有可以重复使用、电路简单等优点。在后面的不少电路中由于采用传统的电路图，仍采用传统的保护模式，这并不能说明传统保护模式具有先进性和合理性。

一、低压断路器的类型

低压断路器按用途和结构形式可分为框架式、塑壳式、限流式、直流快速式、灭磁式和漏电保护式六类。其中框架式断路器主要作为配电网络的保护开关，塑壳式断路器除可作为配电网络的保护开关外，还可作为电动机、照明和电热电路的控制开关。

二、低压断路器的结构和工作原理

在电力拖动系统中常用的是 DZ 系列塑壳式低压断路器。下面就以 DZ5-20 型塑壳式低压断路器为例介绍低压断路器的结构和工作原理。

1. 低压断路器的结构

低压断路器主要由触头及灭弧装置、各种脱扣器（电磁脱扣器、热脱扣器等）自由脱扣机构和操作机构组成。

（1）触头及灭弧装置　低压断路器的触头分主、辅助触头，是低压断路器的执行部件，为提高其分断能力，在主触头处装有灭弧室，灭弧室常为狭缝式去离子栅灭弧室。

（2）脱扣器　脱扣器是低压断路器的感测部件，当电路出现故障时，脱扣器感测到故障信号后，经自由脱扣机构使断路器触头断开。脱扣器按接受故障种类不同可分为下述几种：

1）电磁脱扣器：电磁脱扣器实质上是一个具有电流线圈的电磁机构，线圈串联在主电路中。当电流正常时，产生的电磁吸力不足以克服反作用力，衔铁不能吸合。当电路出现短路或瞬时过电流故障时，衔铁被吸合并带动自由脱扣机构使低压断路器断开触头，从而达到过电流和短路保护的目的。

2）热脱扣器：热脱扣器采用双金属片制成，其热元件串联在主电路中，工作原理与热继电器相同，当过载电流达到一定值时，双金属片弯曲带动自由脱扣机构使低压断路器断开触头，从而达到过载保护的目的。

3）欠电压、失电压脱扣器：欠电压、失电压脱扣器是一个具有电压线圈的电磁机构，其线圈并联在主电路中。当主电路电压消失或降至一定数值以下时，其电磁吸力不足以继续吸持衔铁，于是在弹簧反力作用下，衔铁的顶板推动自由脱扣机构，使低压断路器断开触头，从而达到欠电压与失电压保护的目的。

4）分励脱扣器：分励脱扣器本质上是一个电磁铁，用于远距离控制低压断路器分断电路，由控制电源供电，按照操作人员的命令或继电保护信号使其线圈得电，衔铁动作，从而使低压断路器分断电路。一旦低压断路器分断电路后，分励脱扣器电磁铁线圈也立即断电。所以分励脱扣器是短时工作制的，其线圈不允许长期得电。

（3）自由脱扣机构和操作机构　自由脱扣机构是用来连接操作机构与触头系统的机构，当操作机构处于闭合位置时，也可使用自由脱扣机构实施脱扣，将触头断开。操作机构是实现断路器触头的闭合、断开的机构，按操作方式分有手动操作机构、电磁铁操作机构和电动机操作机构等。

2. 低压断路器的工作原理

图 2-35 所示为 DZ5-20 型塑壳式低压断路器的工作原理图。

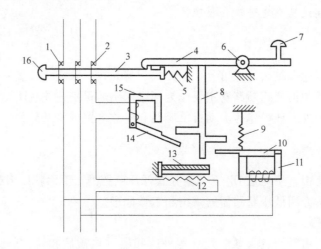

图 2-35　低压断路器工作原理示意图

1—动触头　2—静触头　3—锁扣　4—搭钩　5—反作用弹簧　6—转轴座　7—分断按钮　8—杠杆
9—拉力弹簧　10—欠电压脱扣器衔铁　11—欠电压脱扣器　12—热元件　13—双金属片
14—电磁脱扣器衔铁　15—电磁脱扣器　16—按钮

使用时，低压断路器的主触头串联在被控电路中，按下接通按钮时，锁扣在外力作用下克服反作用弹簧的反力使动、静触头闭合，并由锁扣锁住搭钩，主触头处于接通状态。

当电路发生过载时，过载电流经过热脱扣器的热元件，使双金属片受热向上弯曲，通过杠杆推动搭钩与锁扣分开，从而使动、静触头断开，分断电路，起到保护作用。

当电路发生短路故障时，短路电流经过电磁脱扣器的线圈，产生足够大的吸力将衔铁吸合，通过杠杆推动搭钩与锁扣分开，分断电路，起到短路保护作用。低压断路器的电磁脱扣器瞬时脱扣整定电流一般为 $10I_N$（I_N 为断路器的额定电流），所以短路电流应大于 $10I_N$。

当电路电压消失或降低到接近消失时，欠电压脱扣器的吸力消失或不足以克服反作用弹簧的拉力，衔铁将会碰撞杠杆使搭钩与锁扣分开，最终切断电路，起到欠电压、失电压保护作用。由此可见，欠电压、失电压脱扣器在电路正常工作时是持续工作的。

三、低压断路器的保护特性及主要技术参数

1. 低压断路器的保护特性

低压断路器的保护特性主要是指低压断路器过载和过电流保护特性，即低压断路器动作时间与过载和过电流脱扣器的动作电流的关系特性，如图 2-36 所示，这种特性有瞬时的和带反时限延时的两类。图中 ab 段为过载保护曲线，具有反时限；df 段为瞬时动作部分，当故障电流超过 d 点对应电流值时，过电流脱扣器便瞬时动作；ce 段为定时限延时动作部分，当故障电流超过 c 点对应的电流值时，过电流脱扣器经过短延时后动作。根据需要，低压断

路器的保护特性可以是两段式的，如 *abdf* 段，既有过载长延时，又有短路瞬动保护；而 *abce* 段则为过载长延时和短路短延时保护。此外，还可有三段式的保护特性，如 *abcghf* 段，既有过载长延时、短路短延时，又有特大短路电流时的瞬动保护。

为充分发挥低压断路器的保护作用，要求其保护特性应与被保护对象的发热特性匹配，即低压断路器的保护特性应位于被保护对象的发热特性之下，另外，为充分利用电气设备的过载能力，尽可能缩小故障范围，要求低压断路器的保护特性也应具有选择性。

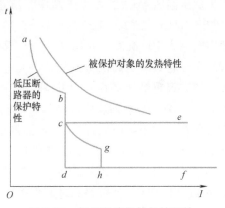

图 2-36　低压断路器的保护特性

2. 低压断路器的主要技术参数

（1）额定电压　额定电压指低压断路器在电路中长期工作时的允许电压。

（2）低压断路器额定电流　低压断路器额定电流指脱扣器允许长期通电的电流，即脱扣器额定电流，对可调式脱扣器则为其长期通过的最大电流。

（3）低压断路器通断能力　低压断路器通断能力指在规定操作条件下，低压断路器能接通和分断短路电流的能力。

（4）保护特性　低压断路器的动作时间与动作电流的关系曲线即为其保护特性。

DZ5-20 型塑壳式低压断路器的主要技术参数见表 2-13。

表 2-13　DZ5-20 型塑壳式低压断路器主要技术参数

型号	额定电压/V	主触头额定电流/A	极数	脱扣器形式	热脱扣器额定电流（括号内为整定电流调节范围）/A	电磁脱扣器瞬时动作整定值/A
DZ5-20/330	AC 380 DC 220	20	3	复式	0.15（0.10～0.15）	为电磁脱扣器额定电流的 8～12 倍（出厂时额定于 10 倍）
					0.20（0.15～0.20）	
DZ5-20/230			2		0.30（0.20～0.30）	
					0.45（0.30～0.45）	
DZ5-20/320			3	电磁式	0.65（0.45～0.65）	
					1（0.65～1）	
DZ5-20/220			2		1.5（1～1.5）	
					2（1.5～2）	
					3（2～3）	
DZ5-20/310			3	热脱扣器	4.5（3～4.5）	
					6.5（4.5～6.5）	
					10（6.5～10）	
DZ5-20/210			2		15（10～15）	
					20（15～20）	
DZ5-20/300			3	无脱扣器式		
DZ5-20/200			2			

四、低压断路器的典型产品介绍

1. 塑壳式低压断路器

低压断路器的六大类产品中，应用最广泛的是塑壳式低压断路器。常用的有：DZ5、DZ10、DZ15、DZ20、DZX19、DZS6-20、C45N 和 S060 等系列。其中 DZ5 为小电流系列，额定电流为 10~50A。DZ10 为大电流系列，最大规格的额定电流达到 600A。DZ20 系列为更新产品，它具有更高的分断能力，可达 50kA，同时 DZ20 系列的附件较多，除常用脱扣器外，还有报警触头和两组辅助触头，更方便使用。DZ20 系列低压断路器主要技术数据见表 2-14。DZX19 系列属限流型低压断路器，它能利用短路电流产生的电动力使触头迅速分断（约在 8~10ms 内），限制了电路网络中可能出现的最大短路电流，适用于要求分断能力高的场合。DZS6-20 可用于小容量电动机及配电网络的过载和短路保护，其主要技术数据及外形尺寸与西门子公司的 3VE1 系列相近。C45N 系列低压断路器体积小，动作灵敏，广泛应用于低压电网中做短路和过载保护。

表 2-14　DZ20 系列塑壳式低压断路器主要技术数据

型号	额定电流/A	机械寿命/次	电气寿命/次	过电流脱扣器动作电流/A	短路通断能力			
					交流		直流	
					电压/V	电流/kA	电压/V	电流/kA
DZ20Y-100	100	8000	4000	16、20、32、40、50、63、80、100	380	18	220	10
DZ20Y-200	200	8000	2000	100、125、160、180、200	380	25	220	25
DZ20Y-400	400	5000	1000	200、225、315、350、400	380	30	380	25
DZ20Y-630	630	5000	1000	500、630	380	30	380	25
DZ20Y-800	800	3000	500	500、600、700、800	380	42	380	25
DZ20Y-1250	1250	3000	500	800、1000、1250	380	50	380	30

2. 剩余电流断路器

剩余电流断路器是一种安全保护电器，在电路中作为触电和漏电保护之用。在电路或设备出现对地漏电或人身触电时，能迅速地自动切断电路，有效地保证人身和电路的安全。其结构主要由电子电路、零序电路互感器、剩余电流脱扣器、触头、试验按钮、操作机构和外壳等组成。剩余电流断路器有单相桥式和三相式等形式，单相桥式主要有 DZL18-20 型；三相式有 DZ15L、DZ47L 和 DS250M 系列等，其中 DS250M 是采用 ABB 公司技术生产的剩余电流断路器。剩余电流断路器的额定动作电流为 30~100mA，脱扣动作时间小于 0.1s。DZ15L 系列剩余电流断路器的主要技术数据见表 2-15。

表 2-15　DZ15L 系列剩余电流断路器的主要技术数据

额定电压/V	额定频率/Hz	额定电流/A	极数	过电流脱扣器额定电流/mA	额定动作电流/mA	额定不动作电流/mA	额定动作时间/s
380V	50~60	40	3	6、10、16、20、25、40	30、50、75	15、25、40	<0.1
			4	40	50、75、100	25、40、50	
		63（100）	3	10、16、25、32、40、50、63、80、100	50、75、100	25、40、50	
			4	16、20、25、32、40、50、63、80、100	50、75、100	25、40、50	

图 2-37 所示为低压断路器的外观图。

a) NA8系列万能式低压断路器　　b) DW15系列万能式低压断路器　　c) NM8L系列剩余电流断路器

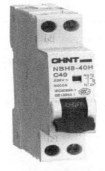

d) DZ20L系列剩余电流断路器　　e) NBH8-40家用低压断路器　　f) NU6-1系列电涌保护断路器

图 2-37　低压断路器的外观图

五、低压断路器的选用

在选用低压断路器时，应按下述要求进行：

1）低压断路器的额定电压和额定电流，应等于或大于电路及设备的正常工作电压和计算负载电流。

2）热脱扣器的整定电流应等于被控负载的额定电流。

3）电磁脱扣器的瞬时脱扣整定电流应大于被控负载正常工作时可能出现的峰值电流。

4）低压断路器用于控制电动机时，其电磁脱扣器的瞬时脱扣整定电流为

$$I_Z \geqslant (6 \sim 12)I_N \tag{2-5}$$

式中，I_N 为电动机的额定电流（A）。

5）欠电压脱扣器的额定电压应等于电路的额定电压。

6）低压断路器的分励脱扣器额定电压应等于控制电源电压。

7）低压断路器的通断能力应等于或大于电路的最大短路电流。

8）低压断路器的类型应根据使用场合和保护要求来选用。

六、低压断路器的图形和文字符号

低压断路器的图形符号如图 2-38 所示，其文字符号为 QF。

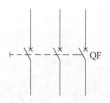

图 2-38   低压断路器的符号

第七节   手控电器及主令电器

知识目标	➢ 掌握刀开关、组合开关、转换开关、按钮和行程开关的作用。 ➢ 了解刀开关、组合开关、转换开关、按钮和行程开关的结构和动作原理。 ➢ 掌握刀开关、组合开关、转换开关、按钮和行程开关的使用和选择方法。 ➢ 掌握刀开关、组合开关、转换开关、按钮和行程开关的图形和文字符号。
能力目标	➢ 能正确选择刀开关、组合开关、转换开关、按钮和行程开关。 ➢ 能正确完成刀开关、组合开关、转换开关、按钮和行程开关在电路中的接线。 ➢ 能正确维护和检修刀开关、组合开关、转换开关、按钮和行程开关。

要点提示：

手控电器及主令电器都属于非自动切换电器，其切换主要依靠外力直接操作完成。常用的手控电器有刀开关、组合开关和按钮等，它们靠手动操作。而之所以把一些电器称为主令电器是由于它们常被用来发布动作命令，常用的主令电器有转换开关、按钮和行程开关等。

一、刀开关

刀开关是手控电器中结构最简单，应用也最广泛的一种。主要用于照明、电热设备及小容量电动机控制电路中，供手动且不频繁地接通和分断电路用，或在电源侧作为隔离开关（起设备和电网的隔离作用，正常情况下处于闭合状态，设备维修维护时断开，使设备脱离电网）。

刀开关主要由触刀、夹座、操作手柄和绝缘底座组成，依靠手动实现触刀与夹座的接触或分离，以实现对电路的控制。

按不同结构形式区分，刀开关可分为开启式开关熔断器组和封闭式开关熔断器组；按触刀的极数可分为单极、双极和三极。

为确保触刀和夹座在闭合位置上接触良好，它们之间必须具备一定的接触压力。因此，对于额定电流较小的刀开关，其夹座多用硬纯铜片制成，以铜材料的弹性来达到所需的接触压力；对于额定电流大的刀开关，在上述基础上还要通过在插座两侧加弹簧片来进一步增加接触压力。

刀开关的主要技术参数有额定电压、额定电流、通断能力、动稳定性电流和热稳定性电流等。

刀开关在长期工作中能承受的最大电压和最大电流称为额定电压和额定电流。目前生产的刀开关的额定电压一般为交流 500V 及以下、直流 440V 及以下，额定电流有 10A、15A、20A、30A 和 60A 等五个等级，大额定电流的刀开关还有 100A、200A、400A、600A 和 1000A 等级别。

通断能力是指在规定条件下，刀开关在额定电压下接通和分断的最大电流值。

动稳定性电流是指电路在发生短路故障时，刀开关不因短路电流峰值所产生的电动力作用而发生变形、损坏或触刀自动弹出等现象时的最大短路峰值电流。

热稳定性电流是指电路发生短路故障时，刀开关在一定时间内通过某一最大短路电流，且刀开关并不因该短路电流而温度骤升并发生熔焊现象，这一短路电流就称为刀开关的热稳定性电流。

通常刀开关的动稳定性电流和热稳定性电流都为其额定电流的数十倍。

刀开关在电路图中的图形符号如图 2-39 所示，其文字符号为 QS（有些也用 Q 表示）。

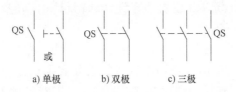

图 2-39 刀开关的符号

图 2-40 为刀开关的外观图。

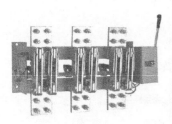

a) HD13系列大电流刀开关　b) HD系列开启式刀开关及刀形转换开关　c) HD11B系列保护型开启式刀开关　d) HS11-F系列刀开关

图 2-40 刀开关外观图

在刀开关的基础上，人们还设计出多种专用的隔离开关，由于隔离开关不直接控制负载电路的通断，只起负载和电源之间的隔离作用，所以它们中有些与熔断器组合在一起，同时具有短路保护的功能；有些还在侧面装上行程开关，在熔体熔断时发出信号或切断电动机控制电路。

图 2-41 为隔离开关的外观图。

a) NH1系列隔离开关　　b) NH2-100(HL30)隔离开关　　c) NH40-□/□R系列开关熔断器组

d) NHR17系列开关　　　e) HH15系列开关熔断器组　　　f) HR3系列开关

图 2-41　隔离开关外观图

二、组合开关

组合开关的触头对数多、接线方式灵活且体积小，一般在电气设备中用于不频繁地接通和分断电路、换接电源和负载以及控制小容量（5kW 以下）异步电动机的起动、正反转和停止。

常用的组合开关有 HZ1、HZ4、HZ5 和 HZ10 等系列。其中的 HZ10 系列是全国统一设计产品。图 2-42 所示为 HZ10-10/3 型组合开关，它具有组合性强、性能可靠和寿命长等优点。组合开关主要由手柄、转轴、凸轮、三对动触头、三对静触头及外壳等组成。其中三对

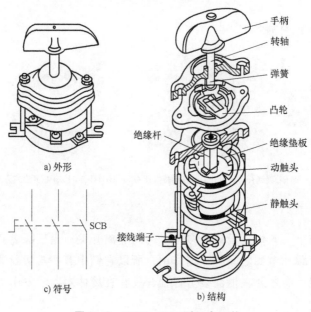

a) 外形

c) 符号

b) 结构

图 2-42　HZ10-10/3 型组合开关

静触头分别装在三层绝缘垫板上，并附带接线端子。动触头由磷铜片和具有良好灭弧性能的钢纸板铆接而成，并和绝缘垫板一起套在附有手柄的转轴上，当转动手柄时，每层的动触头可随转轴一起转动。由于组合开关采用了扭簧储能，可使触头快速接通或分断电路，提高了开关的通断能力。

HZ10 系列组合开关的主要技术数据见表 2-16。

表 2-16 HZ10 系列组合开关的主要技术数据

型号	额定电压/V	额定电流/A	极数	极限操作电流/A		可控制电动机最大容量和额定电流	
				接通	分断	最大容量/kW	额定电流/A
HZ10-10	交流 380	6	单极	94	62	3	7
		10					
HZ10-25		25	2、3	155	108	5.5	12
HZ10-60		60					
HZ10-100		100					

组合开关有单极、双极和多极之分。还有一类组合开关是专为控制小容量三相异步电动机的正反转而设计生产的，如图 2-43 所示。这种组合开关在开关的两侧各装有三副静触头，转轴上固定着六副不同形状的动触头，六副动触头分成两组。其中Ⅰ1、Ⅰ2、Ⅰ3 为一组。Ⅱ1、Ⅱ2、Ⅱ3 为另一组。开关的手柄有倒、停和顺三个位置，手柄只能从中间位置左转 45°或右转 45°，所以这种开关俗称为倒顺开关。当手柄位于"停"位置时，两组动触头与静触头都不接触；手柄位于"顺"位置时，动触头Ⅰ1、Ⅰ2、Ⅰ3 与静触头接通；而手柄处于"倒"位置时，动触头Ⅱ1、Ⅱ2、Ⅱ3 与静触头接通，触头的具体通断情况见表 2-17，其中"+"表示触头接通，空白表示触头断开。

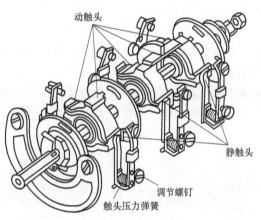

图 2-43 HZ3-132 型组合开关结构示意图

表 2-17 组合开关触头分合表

触头	手柄位置		
	顺	停	倒
Ⅰ1—U	+		
Ⅰ2—W	+		
Ⅰ3—V	+		
Ⅱ1—W			+
Ⅱ2—V			+
Ⅱ3—U			+

组合开关的图形符号如图 2-42c 所示，其文字符号为 SCB。

图 2-44 为组合开关的外观图。

三、转换开关

转换开关（万能转换开关简称转换开关）是由多组相同结构的触头组件叠装而成，支持控制多个电路的主令电器。主要用于控制电路的转换，也可用于小容量异步电动机的起动、换向及变速控制，具有触头档位多、换接电路多及用途广泛的特点。

目前常用的转换开关有 LW5、LW6 和 LW15 等系列。

a) HZ5系列组合开关   b) HZ10系列组合开关

图 2-44   组合开关外观图

转换开关主要由操作机构、接触系统、转轴、手柄和定位机构等部件组成，其外形及工作原理如图 2-45 所示。

转换开关的接触系统由许多接触部件组成，每一个接触部件均有一个胶木触头座，每层底座均可装三对触头，并由底座中间的凸轮控制。操作时，手柄可带动转轴和凸轮一起旋转，由于每层凸轮做成不同的形状，因此开关（即手柄）转到不同位置时，通过凸轮的作用，可使各对触头按所需要的规律闭合或断开，从而达到换接电路的目的。定位机构一般采用滚轮卡棘轮的辐射形结构，如图 2-46 所示。这样在操作时滚轮和棘轮间为滚动摩擦，滑块则可克服弹簧的弹力在定位槽中滑动，因此操作力小、定位可靠且有一定的速动作用，有利于提高分断能力，并能加强触头系统的同步性。

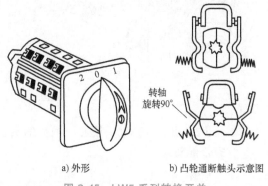

a) 外形   b) 凸轮通断触头示意图

图 2-45   LW5 系列转换开关

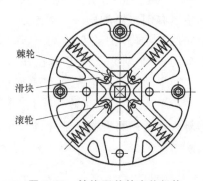

图 2-46   转换开关的定位机构

LW5 系列转换开关适用于交流 50Hz、电压 500V 及以下的电路，可作为主电路或电气测量仪表的转换开关及配电设备的遥控开关；也可作为伺服电动机及容量 5.5kW 及以下三相交流电动机的起动、换向或变速开关。该系列转换开关按接触装置的档数有 1～16 档和 18、21、24、27 及 30 档共 21 种，其中 16 档及以下为单列转换开关；18 档及以上为三列转换开关。转换开关按防护形式有开启式和防护式两种；按手柄操作方式有自复式和定位式两种。所谓自复式是指用手扳动手柄至某一位置后，当手松开手柄时，手柄可以自动返回原位，而定位式是指用手扳动手柄至某一位置后，当手松开手柄时，手柄仍停留在该位置上。

LW6 系列转换开关适用于交流 50Hz、电压 380V 及以下，或直流 220V 及以下、电流 5A

及以下的交、直流电路，可作为电气控制电路的转换开关、电气测量仪表的转换开关以及配电设备的遥控开关，也可用于不频繁起停的 380V、2.2kW 以下的小容量三相感应电动机的控制。LW6 系列转换开关还可装配成双列式，此时列与列之间用齿轮啮合，并由公共手柄操作，因此，这种转换开关装入的触头最多可达 60 对。

转换开关图形符号如图 2-47 所示，其文字符号为 SC。在图 2-47 中，竖虚线表示手柄位置，当手柄位于"0"位时，SC1～SC6 全部断开，当手柄处于"1"（左）位时，SC1、SC3 两路接通，当手柄位于"2"（右）位时，SC2、SC4、SC5 和 SC6 四路接通。

图 2-48 为转换开关的外观图。

触头号	1	0	2
SC1	+		
SC2			+
SC3	+		
SC4			+
SC5			+
SC6			+

a) 符号　　　　b) 触头分合表

图 2-47　转换开关的符号

a) LW2B系列转换开关　　　b) LW5D系列转换开关

c) LW15-16转换开关　　d) LW32系列转换开关　　e) NZ7系列自动转换开关

图 2-48　转换开关外观图

四、按钮

按钮是一种利用人手来操作，并具有复位弹簧的开关，在低压电路中，按钮常用于发布动作命令及远距离控制各种电磁开关，再由电磁开关去控制电动机等。

按钮一般由按钮帽、复位弹簧、桥式动触头、静触头、支柱连杆及外壳等部分组成，图 2-49 为按钮实物图。

按钮按静态（不受外力作用）时触头的分

a) MB大衬套式安装小型按钮　　b) LB系列面板密封按钮

图 2-49　按钮实物图

合状态，可分为常开按钮（常用于设备的起动）、常闭按钮（常用于设备的停止）和复合按钮。

复合按钮是将常开和常闭按钮组合为一体的按钮。当按下复合按钮时，常闭触头先断开，常开触头后闭合。当按钮释放后，在复位弹簧作用下按钮复原，复原过程中常开触头先恢复断开，常闭触头后恢复闭合。

目前常用的按钮有 LA18、LA19、LA20、LA25 和 LAY3 系列。其中 LA18 系列采用积木式拼接装配基座，触头数目可按需要拼装，一般装成两常开、两常闭，也可装成四常开、四常闭或六常开、六常闭。在结构上有揿压式、紧急式、钥匙式和旋钮式四种。

LA19 系列按钮的结构类似于 LA18 系列，但它只有一对常开和一对常闭触头，且具有信号灯装置，其信号灯可用于交、直流 6V 的信号电路。该系列按钮适用于交流 50Hz 或 60Hz、电压 380V 及以下，或直流 220V 及以下、额定电流不大于 5A 的控制电路，作为起动器、接触器和继电器的远距离控制使用。LA19 系列按钮的主要技术数据见表 2-18。

表 2-18　LA19 系列按钮主要技术数据

型号	额定电压/V	额定电流/A	结构型式	信号灯		触头数量		按钮	
				电压/V	功率/W	常开	常闭	按钮数	颜色
LA19-11	AC 380 DC 220	5A	揿压式	—	—	1	1	1	红、黄、蓝、白和绿
LA19-11J			紧急式	—	—	1	1	1	红
LA19-11D			带信号灯	6	1	1	1	1	红、黄、蓝、白和绿
LA19-11DJ			带信号灯紧急式	6	1	1	1	1	红

LA20 系列按钮也是组合式的，它除了带有信号灯外，还有两个或三个部件组合为一体的开启式或保护式产品。它有一常开、一常闭，二常开、二常闭和三常开、三常闭三种。LA20 系列按钮的主要技术数据见表 2-19。

表 2-19　LA20 系列按钮的主要技术数据

型号	触头数量		结构形式	按钮		指示灯	
	常开	常闭		按钮数	颜色	电压/V	功率/W
LA20-11	1	1	揿压式	1	红、绿、黄、蓝或白	—	—
LA20-11J	1	1	紧急式	1	红	—	—
LA20-11D	1	1	带灯揿压式	1	红、绿、黄、蓝或白	6	<1
LA20-11DJ	1	1	带灯紧急式	1	红	6	<1
LA20-22	2	2	揿压式	1	红、绿、黄、蓝或白	—	—
LA20-22J	2	2	紧急式	1	红	—	—
LA20-22D	2	2	带灯揿压式	1	红、绿、黄、蓝或白	6	<1
LA20-22DJ	2	2	带灯紧急式	1	红	6	<1
LA20-2K	2	2	开启式	2	白、红或绿、红	—	—
LA20-3K	3	3	开启式	3	白、绿、红	—	—
LA20-2H	2	2	保护式	2	白、红或绿、红	—	—
LA20-3H	3	3	保护式	3	白、绿、红	—	—

LA25 系列为通用型按钮的更新产品，采用组合式结构，插接式连接，可根据需要任意组合其触头数目，最多可组成六个单元。LA25 系列按钮的安装方式是钮头部分套穿过安装板，旋扣在底座上，板后用 M4 螺钉顶紧，所以安装方便且牢固。按钮基座上设有防止旋转的止动件，可使按钮有固定的安装角度。

　　LAY3 系列是根据西门子公司技术标准生产的按钮。其规格品种齐全，结构形式与 LA18 系列相同，有的带有指示灯，适合工作在交流电压 660V 及以下，或直流电压 440V 及以下、额定电流 10A 的场合。

　　随着计算机技术的不断发展，市场上已出现用于计算机系统的新系列按钮，如 SJL 系列弱电按钮，它具有体积小、操作灵敏等特点。

　　为了便于识别，避免发生误操作，生产中会用不同的颜色和符号标志来区分按钮的功能及作用。国家标准 GB 5226.1-2019：《机械电气安全　机械电气设备　第 1 部分：通用技术条件》对按钮颜色有强制性的规定，按钮颜色的含义见表 2-20。

表 2-20　按钮颜色的含义

颜色	含义	说明	应用示例
红	紧急	紧急状态时操作	急停； 紧急功能起动
黄	异常	异常状态时操作	干预、制止异常情况； 自动循环中的中断事件
绿	正常	起动正常情况时操作	起动
蓝	强制性的	要求强制动作情况下操作	复位功能
白			起动/接通(优先)； 停止/断开
灰	未赋予特定含义	除急停以外的一般功能的起动	起动/接通 停止/断开
黑			起动/接通； 停止/断开(优先)

　　起动/接通按钮的颜色应为白、灰、黑或绿色，优选选用白色，但不允许用红色。

　　急停和紧急断开按钮应使用红色。最接近按钮周围的衬托色则应着黄色，红色按钮与黄色衬托色的组合应只用于紧急操作装置。

　　停止/断开按钮应使用黑、灰、白色，优先选用黑色，不允许用绿色。允许选用红色，但靠近紧急按钮时不宜使用红色。

　　作为起动/接通与停止/断开交替操作的按钮的优选颜色为白、灰或黑色，不允许用红、黄或绿色。

　　对于按动它们即引起运转而松开它们则停止运转（如保持-运转）的按钮，其优选颜色为白、灰或黑色，不允许用红、黄或绿色。

　　复位按钮应为蓝、白、灰或黑色。如果它们还用作停止/断开按钮，最好使用白、灰或黑色，优选黑色，但不允许用绿色。

　　黄色供异常条件使用，例如在异常加工情况或自动循环中断事件中使用。

　　按钮的图形符号如图 2-50 所示，其文字符号为 SB。根据按钮的类型和用途不同，其符号有时也会有变化。

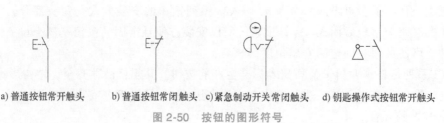

a)普通按钮常开触头　　b)普通按钮常闭触头　c)紧急制动开关常闭触头　d)钥匙操作式按钮常开触头

图 2-50　按钮的图形符号

五、行程开关

行程开关是用以反映工作机械的行程，发出命令以控制工作机械运动方向、行程大小以及实现工作机械位置保护的主令电器。行程开关的作用原理与按钮相同，通常被用来限制工作机械运动的位置或行程，故又称为限位开关，它可使工作机械按一定的位置或行程实现自动停止、反向运动、变速运动或自动往返运动等。

从结构上来看，行程开关可分为三个部分，即触头系统、操作机构和外壳。操作机构是行程开关的感测部分，用于接受生产机械发出的动作信号，并将此信号传递给触头系统。触头系统是行程开关的执行部分，它将操作机构传来的机械信号转变为电信号，输出到有关的控制电路，实现相应的电气控制。

常见的行程开关有按钮式（直动式）、滚轮式（旋转式）和微动式。图 2-51 所示为行程开关的实物图。直动式行程开关的结构和动作原理如图 2-52 所示，滚轮式行程开关的结构和动作原理如图 2-53 所示。

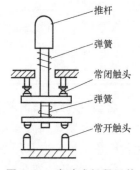

a)滚动式行程开关　　　　b)微动式行程开关

图 2-51　行程开关实物图

图 2-52　直动式行程开关结构和动作原理图

直动式行程开关的动作原理与直动式按钮的动作原理一样，不同的是其推杆由运动的工作机械部件（常称之为挡铁）碰压而向下运动。

滚轮式行程开关的动作原理是当挡铁碰压行程开关的滚轮时，杠杆与转轴一起转动，使凸轮推动撞块，当撞块被压到一定位置时，推动微动开关快速动作，使其常闭触头断开、常开触头闭合。当滚轮上的挡铁移开后，复位弹簧就使行程开关各部分恢复为原始位置，这种单轮自动恢复式行程开关是依靠本身的恢复弹簧来复原的。有的行程开关在动作后不能自动复原，如 JLXK1-211 型双轮旋转式行程开关，当挡铁碰压该行程开关的一个滚轮时，杠杆转

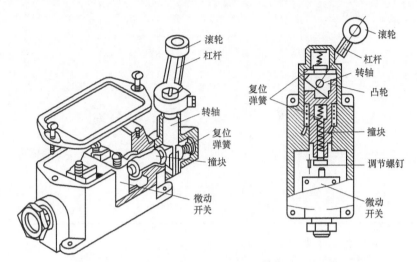

图 2-53 JLXK-111 型滚轮式行程开关的结构和动作原理图

动一定角度后触头立即动作，但在挡铁离开滚轮后，开关不能自动复位，只有当反向碰撞发生时，即挡铁从相反方向碰压另一滚轮时，触头才能复位，这种双轮非自动恢复式行程开关的结构比较复杂，价格也相对较贵，但运行比较可靠。

微动式行程开关也是靠碰压动作的，只是体积更小，动作更轻巧，所需要的安装空间更小，动作行程也更小。

常见的行程开关还有 X2、LX3、LX19A、LX29、LX31 和 LX32 等系列以及 JW 型行程开关等。

X2 系列行程开关有直动式和滚轮传动式两类。触头数量为两常开、两常闭。

LX3 系列行程开关的基座用塑料制成，为提高防护效果，带有金属外壳，其触头数量为一常开、一常闭。

LX19A 系列行程开关是 LX19 系列行程开关的改型产品，该系列触头数量为一常开、一常闭。可组成单轮、双轮及径向传动杆等形式。

LX29 系列行程开关以 LX29-1 型微动开关为执行部件，增加不同机构组合而成。有单滚轮型、双滚轮型、直杆型、直杆滚轮型、摇板型和摇板滚轮型等。该系列触头数量为一常开、一常闭。

LX31 系列行程开关有基本型、小缓冲型、直杆型、直杆滚轮型、摇板型和摇板滚轮型等。

LX32 系列行程开关是以 LX31-1/1 型微动开关为执行部件，有直杆型、直杆滚轮型、单臂滚轮型和卷簧型等。

JW 型行程开关有基本型和带滚轮型。

以上各系列行程开关的额定电流除 LX31 和 LX32 系列为 0.79A、JW 型为 3A 以外，其余的全部为 5A。

行程开关在选用时，应根据不同的使用场合选用，并应满足额定电流、额定电压、复位方式和触头数量等方面的要求。

行程开关的图形符号如图 2-54 所示，其文字符号为 ST。

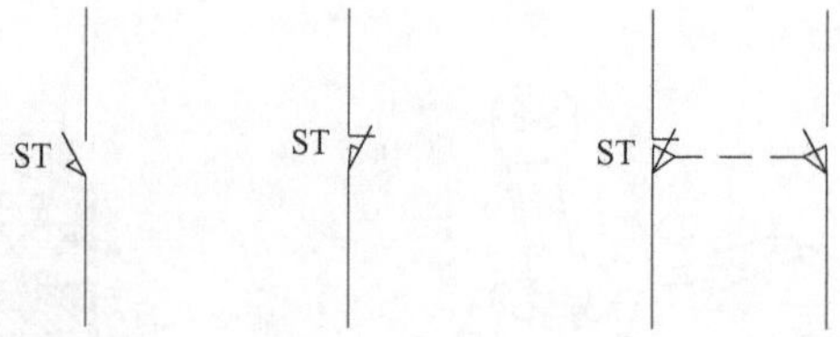

a) 常开触头   b) 常闭触头   c) 复合触头

图 2-54 行程开关的符号

第八节 电子电器

知识目标	➤ 掌握电子电器的优缺点。 ➤ 了解电子电器的组成、种类。 ➤ 理解电子电器的工作原理。
能力目标	➤ 能依据系统特点正确地选择电子电器和传统电器（有触头电器）。 ➤ 能正确完成电子式保护电器在电路中的接线。 ➤ 能对电子式保护电器进行正确的调试和维护。

要点提示：

　　微电子技术和大功率半导体器件的迅速发展，使电子技术的应用渗透到各个行业。现代工业为了不断地提高产量和质量，其控制系统朝着大型化、自动化、高速、高可靠性和高精度方向发展，于是对构成控制系统的部件提出越来越高的要求，在这些要求中有些是传统的有触头电器难以满足的，而在另一些情况下，虽然有触头电器可以满足要求，但使用电子电器可能会使系统变得更简便或大大节省成本。

　　电子电器的出现和发展是自动化技术和电子工业发展的必然产物。近十几年来，电子电器发展迅速，其用量也越来越大。电子电器与有触头电器相比较具有很多优点，甚至可以说是优势，但同时也存在一定的缺点。实践证明，电子电器不能完全取代有触头电器，它们之间不应是相互排斥，相互取代的关系，而应是相辅相成，互为补充的关系，即根据技术要求和经济效益来选择最佳方案。

一、电子电器概述

1. 电子电器的定义
　　电子电器是电子化或半电子化的电器，换句话说，就是由全部或部分电子元器件和电子电路按特定功能所构成的电器或装置，又称半导体无触头电器或简称无触头电器。

2. 电子电器的优缺点
　　电子电器与传统的有触头开关电器相比有一系列的优点，但也存在一定的缺点。

　　（1）优点　电子电器动作速度快，一般无触头开关的动作时间只有数微秒至数十微秒，有些无触头开关动作时间甚至仅有数十纳秒，而有触头开关电器的固有动作时间为数十毫秒，即使是快速开关也需要几毫秒。在现代控制系统中，如某些开关量调节系统和电子计算机备用电源的切换开关等，就需要这种高速的开关电器执行对系统的调节和对电路的切换，以达到控制的目的。电子电器操作频率高，以晶闸管无触头开关为例，其操作频率可达每分钟数百次，而一般有触头开关电器是不可能达到这个频率的。电子电器寿命长，如无触头开关只要在规定的电压和电流的范围内使用，其寿命几乎是无限的，而有触头开关电器因受到机械和电气性能的影响，其寿命不是很高。电子电器可在有机械振动、多粉尘、易燃及易爆的恶劣环境下工作。电子电器控制功率小，如果采用场效应晶体管或 MOS 集成器件作为电子电器的输入级，则信号源几乎不负担电流。电子电器功能强，不仅具有开关功能，而且还能用于功率放大，交、直流调压，交、直流电动机的软起动和调速等。电子电器经济性能好，由于其采用模块式结构，使得各种电控装置或系统的设计与安装工作变成若干标准模块的积木式组装，从而使电控装置或系统体积小、重量轻且成本低，有利于制造与维修。

（2）缺点 电子电器导通后的管压降大，如晶闸管的正向压降及大功率晶体管的饱和压降约为 1.2V，这造成电子电器的功率耗损较大，为了散发由这种耗损转变成的热量必须为电子电器加装散热装置，故导致其体积比同容量的有触头开关电器大。电子电器不能实现理想的电隔离，如晶闸管关断后实际上仍然有数毫安的漏电流，造成电隔离不彻底。电子电器过载能力低，当用于控制电动机时，需要按电动机的起动电流来选择电器件的容量。电子电器温度特性及抗干扰能力差，易受温度及电磁干扰的影响，需采用温度补偿、散热、屏蔽、滤波以及光电隔离等一些措施，才能使电子电器在恶劣的环境中可靠地工作。

综上所述，电子电器有自身的诸多优点，也存在一些缺点，因此虽然近十几年来电子电器有了快速发展，用量也越来越大，但依然不能完全取代有触头电器，它们之间也不应是相互排斥，相互取代的关系，而应是相辅相成，互为补充的关系，即应当根据技术要求和经济效益来选择最佳方案。

3. 电子电器的组成

电子电器在基本原理和电路结构方面存在很多共性。图 2-55 所示为光电继电器电路原理图；图 2-56 所示为温度继电器电路原理图。比较这两种继电器原理图，可以发现两者在基本原理和电路结构上类似，不同之处是采用了不同的感辨机构，因此成为了不同类型的电器。大多数非数字式电子电器的组成如图 2-57 所示，但也并非所有电子电器的电路都完全

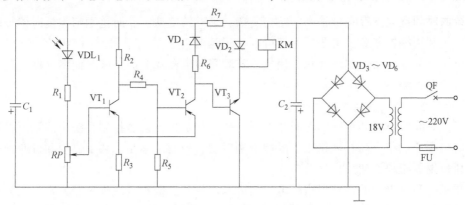

图 2-55 光电继电器电路原理图

遵循这一结构形式，在感辨机构和出口电路之间，各类电子电器根据其功能和设计结构的不同，在信息的处理上或多或少会有些差异，有的会增加一些电路，有的则会减少一些电路。如有些电子电器具有延时功能，故需要增加延时电路；而有些电子电器采用有源传感器，故不需要转换电路等。另外对一些较为简单的电子电器，它们的一个局部电路实际起到了如图2-57 所示的几个电路的作用。图 2-55 所示的晶体管 VT_1 和晶体管 VT_2 共同组成的一个发射极耦合触发器就起到了放大器兼鉴别器的双重作用。

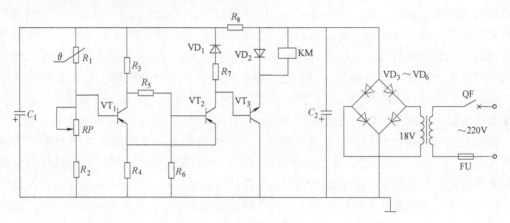

图 2-56　温度继电器电路原理图

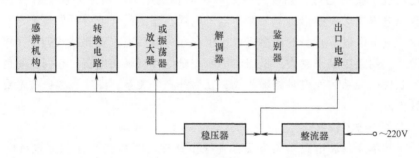

图 2-57　电子电器的电路组成

二、电子式时间继电器

传统的时间继电器存在价格高、结构复杂、延时精度低、延时范围窄和延时调整麻烦等缺点。鉴于利用模拟和数字电子技术都可以实现延时，于是电子式时间继电器便应运而生，更由于电子产品加工技术的现代化，使电子式时间继电器在克服传统时间继电器一些缺点的同时更具价格优势。

1. 电子式时间继电器的特点与分类

电子式时间继电器和传统的时间继电器一样，都是机电设备控制系统中的重要电器。它具有延时范围广、精度高、体积小、耐冲击和振动、控制功率小、调节方便和寿命长等许多优点，所以发展很快，使用也日益广泛。

电子式时间继电器的品种规格较多，构成原理各异。按构成原理可分为阻容式和数字式两类；按延时的方式可分为通电延时型、断电延时型和带瞬动触头的通电延时型等。

2. 阻容式晶体管时间继电器

阻容式晶体管时间继电器是利用电的阻尼作用，即电容对电压变化的阻尼作用作为延时的基础。根据电压鉴幅器电路的不同，阻容式晶体管时间继电器大致可以分为三类：一类是采用单结晶体管的时间继电器；另一类是采用不对称双稳态电路的时间继电器；还有一类是采用 MOS 型场效应晶体管的时间继电器。下面以具有代表性的 JS20 系列阻容式晶体管时间继电器为例，介绍阻容式晶体管时间继电器的结构和电路的工作原理。

JS20 系列采用插座式结构，所有元器件都装在印制电路板上，然后用螺钉将印制电路板与插座紧固，再装入塑料罩壳内固定，组成本体部分。在罩壳顶面装有铭牌、整定电位器旋钮和指示灯。铭牌上有该时间继电器最大延时时间的十等分刻度。使用时旋转旋钮即可调整延时时间，当延时动作后指示灯亮。若整定电位器为外接式则不装在继电器的本体内，而用导线引接到所需的控制板上。

JS20 系列的安装方式有两种即装置式与面板式。装置式备有带接线端子的胶木底座，它与继电器本体部分间采用接插连接，并用扣环锁紧，以防松动。面板式可直接把时间继电器安装在控制台的面板上，它与装置式的结构大体相同，只是将通用大八脚插座替代了装置式的胶木底座。

JS20 系列阻容式晶体管时间继电器的电路由延时环节、鉴幅器、出口电路、指示灯和电源等组成，图 2-58 所示为其电路原理图。电源的稳压环节由电阻 R_1 和稳压二极管 VZ 组成，只给延时环节和鉴幅器供电，出口电路中的 VT 和 KA 则由整流电源直接供电。电容 C_2 的充电回路有两条，一条是通过主充电电路的电阻 RP_1+R_2；另一条是通过由低电阻值电阻 RP_2、R_4 和 R_5 组成的分压器经二极管 VD_2 向电容 C_2 提供的预充电电路。

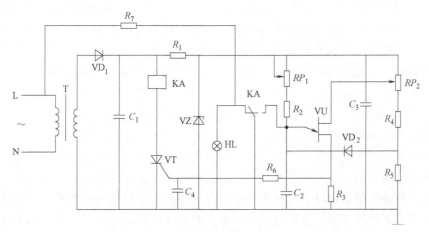

图 2-58　JS20 单结晶体管时间继电器电路原理图

当接通电源后，（L 接相线，N 接零线），交流电由变压器 T 变压，再由二极管 VD_1 整流、电容 C_1 滤波以及稳压二极管 VZ 稳压后给电路提供直流电压。通过 RP_2、R_4 和 VD_2 构成的预充电电路向电容 C_2 以极小的时间常数快速预充电。预充电的幅度为 U'_{C0}，高于 C_2 上残存电压 U_{C0}，其值取决于 RP_2、R_4、R_5 的分压值。预充电的作用是使主充电电路每次都能从一个较低的恒定电压 U'_{C0} 开始充电，以消除 C_2 上无规律的残存电压 U_{C0} 引起的延时误差；与此同时通过主充电电路 RP_1、R_2 也向电容器 C_2 充电，但其充电时间常数要比预充电电路的充电时间常数大很多，RP_1 是电位器，调节其电阻值大小即可改变延时时间。电容 C_2 上

的电压 U_C 在预充电压 U'_{C0} 的基础上按指数规律逐渐上升，当此电压大于单结晶体管 VU 的发射极峰点电压 U_P 时，单结晶体管 VU 导通，输出脉冲电压提供给晶闸管 VT 控制极一个触发脉冲，使晶闸管 VT 导通，执行继电器 KA 线圈得电，衔铁吸合，其触头将接通或分断外电路以执行延时控制。同时在电路中其一对并联在氖灯 HL 两端的常闭触头断开，使氖灯 HL 起辉，以指示延时已动作，同时其另一对常开触头闭合，将 C_2 短接，使之迅速放电，为下一次工作做好准备，同时使 C_2 不再充电，VU 也停止工作，因而也提高了 C_2 和 VU 的使用寿命。当切断电源时，继电器 KA 线圈断电，衔铁释放，触头复位，电路恢复原来状态，等待下次工作。

JS20 系列时间继电器的主要参数见表 2-21。

表 2-21　JS20 系列时间继电器主要参数

名称	额定工作电压/V		延时等级/s
	交流	直流	
通电延时型继电器	36、110、127、220、380	24、48、110	1、5、10、30、60、120、180、240、300、600、900
带瞬动触头的通电延时型继电器	36、110、127、220		1、5、10、30、60、120、180、240、300、600
断电延时型继电器	36、110、127、220、380		1、5、10、30、60、120、180

JS20 系列时间继电器主要技术数据如下：

（1）延时范围　每种延时等级的最大延时值应大于其标称延时值，但小于标称延时值的 110%；最小延时值应小于该等级标称延时值的 10%。如一个标称延时值 180s 的时间继电器，它的最大延时时间（即将调节电位器旋至最大值）不应小于 180s，但也不应大于 198s；其最小延时间（即将电位器旋至零）不应大于 18s。

（2）延时误差　延时误差范围为 ±3%；当电源电压在额定电压的 85%～105% 范围内变动时，延时误差范围为 ±5%；当周围空气温度在 10～50℃ 范围变化时，其延时误差范围为 ±10%；当继电器动作 12 万次后，其延时的误差范围为 ±10%。

3. 数字式时间继电器

阻容式晶体管时间继电器由于其自身的延时原理，使它具有许多难以克服的不足之处，如延时时间不可能太长；延时精度易受电压、温度的影响，造成其延时精度较低；延时过程不能显示等。随着半导体集成电路技术的高速发展和在各应用领域的渗透，为解决这一问题即出现了数字式时间继电器。这种时间继电器延时的基本原理是采用对标准频率的脉冲进行分频和计数的延时环节来取代阻容式充、放电的延时环节。从而使时间继电器的各种性能指标得以大幅度地提高。同时，由于电子产品制造技术的发展，数字式的时间继电器反而具有价格优势。

数字式时间继电器是从 70 年代初开始发展起来的，目前最先进的数字式时间继电器中应用了微处理器，使其除了具有延时长、精度高以及延时过程有数字显示的特点外，还具有其他许多功能，如延时方法可以选择多达 11 种，包括有延时闭合、延时断开、间隔计时、通电循环延时、通电延时闭合和再延时断开等。再如状态指示，其除了可显示延时过程，还可指示无激励、延时和响应三种状态等。目前，国内外数字式时间继电器按标准时基电路构成原理的不同可分为三种类型，即电源分频型、*RC* 振荡型和晶体振荡分频型。

下面仅以电源分频型数字式时间继电器为例分析数字式时间继电器的工作原理。图 2-59 所示为具有 4 位数字设定的电源分频型数字式时间继电器的电路原理框图。电源分频型数字式时间继电器的标准时基电路利用交流市电的 50Hz 频率的电压，经降压、半波整流和波形整形后得到一列周期为 0.02s 的脉冲作为标准时基脉冲。再经时基分频器产生 0.1s、1s 和 10s 的标准时基脉冲供实际使用选用。

该电路的特点是：延时精度高，延时精度基本上不受电压、温度变化的影响；延时范围宽，当时基变换开关 SC 位于位置 1 上时，可获得 0.1~999.9s 的延时范围；位于位置 2 上时，可获得 1~9999s 的延时范围；位于位置 3 上时，可获得 10~99990s 的延时范围；只要增多计数器和数字开关，就可获得更宽的延时范围。其整定、使用方便，电路中的数字开关是采用带有机械译码器的 8421 拨码数字开关来整定延时时间的，这样既可省去一套译码电路，使体积减小，又使整定过程方便和直观，如需整定延时时间为 1357s，只需将时基转换开关 SC 置在位置 2 上，再分别从左向右拨动 4 个拨码开关，使其数字轮分别指在 1、3、5 和 7 上即可。这种时间继电器同时还具有显示译码器和 4 位数字显示器，可方便地实现延时过程中每一瞬间的剩余时间值的显示。但其不足之处是电路较复杂，且标准时基电路的精度取决于电网的频率精度。

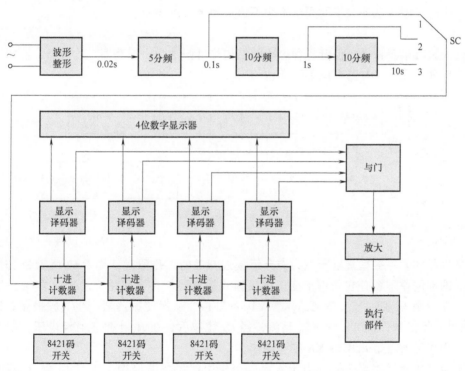

图 2-59　电源分频型数字式时间继电器电路原理框图

三、接近开关

1. 接近开关的用途与分类

接近开关又称无触头行程开关。其功能是当有某物体与之接近到一定距离时发出动作信号，而不像机械式行程开关那样需要施加机械力。接近开关是通过其感辨头与被测物体间介质的能量变化来取得信号的。图 2-60 所示为接近开关常用的各种感辨头。

与有触头的行程开关相比，接近开关的优点是动作可靠、反应速度快、灵敏度高、没有机械噪声和机械损耗、功耗小、能在恶劣环境条件下工作、寿命长和应用范围广。它不但有行程开关控制方式，还可用于计数、测速、零件尺寸的检查，金属与非金属的检测，作为无触头按钮以及用于液面控制等电量与非电量的自动检测系统中；还可与微机、逻辑器件配合使用，组成无触头控制系统。

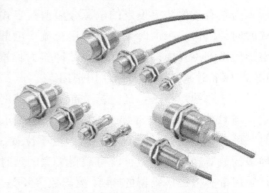

图 2-60　接近开关常用的各种感辨头

接近开关的种类很多，按其感测机构工作原理不同，可分为以下几种类型：高频振荡型、电容型和电磁感应型（包括差动变压器型、永磁及磁敏器件型、光电型、舌簧型和超声波型）。

不同类型的接近开关其检测的对象也有所不同，如光电型接近开关主要用于检测不透光的物体；超声波型接近开关主要用于检测不透过超声波的物质。

2. 接近开关的电路组成

接近开关有很多种类，但其各种电路的结构均可归纳为由振荡器、检波器、鉴幅器和输出电路等部分组成，其电路框图如图 2-61 所示。

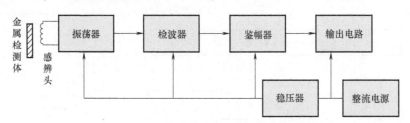

图 2-61　接近开关电路框图

3. 晶体管停振型接近开关

下面以晶体管停振型接近开关为例介绍接近开关的工作原理。图 2-62 所示为 LJ1-24 型接近开关的电路原理图，它采用了变压器反馈式振荡器。在电路中，L_1、C_3 组成并联谐振回路，反馈线圈 L_2 把信号反馈到晶体管 VT_1 的基极，从而使振荡器产生高频振荡。输出线圈 L_3 获得高频信号，由二极管 VD_1 整流，经 C_4 滤波后，在 R_5 上产生直流电压，使 VT_2 饱和导通，而 VT_3 截止，继电器 KA 则不动作。

当有金属体接近感辨头时，由于涡流去磁作用使振荡器停振。此时 L_3 没有高频电压，VT_2 截止，VT_3 基极电位升高，使 VT_3 饱和导通，继电器 KA 动作。VD_2 为续流二极管，用以保护 VT_3。VD_3 的作用是使振荡器起振迅速。当 VT_2 截止时，它为 VT_1 的发射极提供一个较低的电位，从而使 VT_1 在 VT_2 截止变导通时，VT_1 的发射极从较低的电位开始下降，则振荡器的起振更为迅速。

该电路的一个重要优点是设置了正反馈电阻 R_4，实现了后级电路对振荡器的反馈作用。

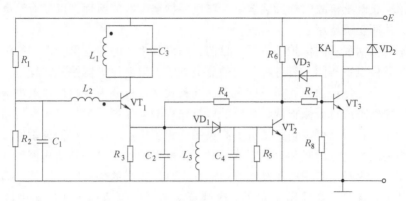

图 2-62　LJ1-24 型接近开关电路原理图

当金属体接近时，VT_2 由饱和向截止转化，升高的电位通过 R_4 反馈到 VT_1 的发射极，改变 VT_1 的静态工作点，使振荡器迅速停振，从而缩短了接近开关的动作时间。

常用接近开关的主要参数和主要技术数据如下：

（1）动作距离　不同类型接近开关的动作距离含义不同，大多数接近开关是以开关刚好动作时感辨头与被检测体之间的距离为动作距离。以能量束（光和超声波）为原理的接近开关则是以发送器与接收器之间的距离为动作距离。在接近开关产品说明书中规定的动作距离是其标称值。在常温和额定电压下，开关的实际动作值不应小于其标称值，但也不应大于其标称值的 20%。

（2）重复精度　重复精度是指在常温和额定电压下对接近开关连续进行 10 次试验，取得其中最大或最小值与 10 次试验的平均值之差。

（3）操作频率　操作频率指接近开关每秒最高操作数。操作频率与接近开关信号发生机构的原理和出口元器件的种类有关。采用无触头输出形式的接近开关，其操作频率主要决定于信号发生机构及电路中的其他储能元件。若为有触头输出形式的接近开关则主要决定于所用继电器的操作频率。

（4）复位行程　复位行程是指接近开关从"动作"到"复位"所位移的距离。

四、保护类电子电器

因保护类电子电器的特殊性，对其要求比普通电器要高很多，一般来讲这类电子电器在应该动作的时候决不能"拒动"，否则可能造成设备损坏甚至人员的伤亡；在不该动作的时候也不能"误动"。保护类电子电器的工作原理与传统的保护类电器有很大的不同，如传统的热继电器通过对电流的热效应检测来进行电动机过载（热）保护，受电动机工作制和环境温度的影响较大，而电子式温度继电器则直接检测电动机温度，其可靠性显然比采用热继电器高很多。

1. 漏电保护电器

如果用电不当或电气设备发生漏电故障，会给使用者带来危害。为了避免此危害，在技术上应采取两方面措施，一方面是提升电气设备的安全性能和质量，另一方面是采取措施防止漏电事故的发生。前者属材料和产品制造问题，后者属运行和管理问题。漏电保护电器是一种用于防止因触电、漏电引起的人身伤亡事故、设备损坏以及火灾的保护类电器。下面介绍防止触电事故的辅助装置——漏电保护继电器的原理，以便对漏电保护继电器有正确认识，从而正确选用它。

为适应不同电网和不同保护的需要，目前，国内外生产的漏电保护电器的结构形式、基本性能、使用条件也不相同，有各种不同的分类方法。漏电保护器按其结构特点可以分为开关式、组合式、安全保护插头和插座四大类，开关式又可再分为专门用作漏电保护的、兼有漏电保护和短路保护或过载保护两种功能的以及兼有漏电保护、过载保护和短路保护三种功能的三种。漏电保护器又可按动作值分为高灵敏度式、中灵敏度式和低灵敏度式三种，或按动作速度分为高速式、延时式和反时限式三种。漏电保护器还可按其动作原理分为电压动作式和电流动作式两大类，其中电压动作式由于存在难以克服的缺点已被淘汰，而电流动作式却因具有安装地点灵活，既适用于变压器中性点接地系统也适用于变压器中性点不接地系统，可用于干线作为动力电路等的漏电保护，也可装设于分支电路作为控制或照明电路等的漏电保护。电流动作式漏电保护器的电路方案很多，各有特点，主要区别在于中间环节的结构不同，故又可再分为电磁式和电子式。尤其是电子式利用电子元器件，可以灵活地实现各种要求和具有各种保护性能，并不断地向集成电路化方向发展。下面以电子式为例进行分析。

漏电保护电器的工作原理图如图 2-63 所示。当被保护电路无漏电故障时，由基尔霍夫电流定律可知，在正常情况下通过零序电流互感器 TA 的一次绕组电流的相量和恒等于零，三相负载不对称时也同样满足。即使是无中性线三相电路或单相电路的电流的

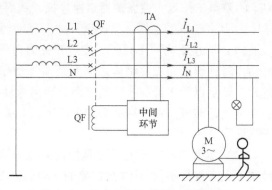

图 2-63 漏电保护电器的工作原理图

相量和也恒等于零。下面仍以三相电路有中性线进行分析。这样，各相线工作电流在零序电流互感器环状铁心中所产生的磁通相量和也恒等于零，因而，零序电流互感器的二次绕组没有感应电动势产生，漏电保护电器不动作，系统保持正常供电。一旦被保护电路或设备出现漏电故障或有人触电时，漏电电流（也称剩余电流）产生，使得通过零序电流互感器的一次绕组的各相电流的相量和不再恒定为零，其和 $\dot{I}_A$ 即为漏电电流。由此在零序电流互感器的环状铁心上将有励磁磁动势产生，所产生的磁通的相量和也不再恒定等于零，即为 $\dot{\phi}_A$，因此，零序电流互感器的二次绕组在交变磁通 $\dot{\phi}_A$ 的作用下，就产生了感应电动 $\dot{E}_A$，此感应电动势经过中间环节的放大和鉴别，当达到预期值时，使脱扣线圈 QF 通电，驱动开关 QF 动作，迅速断开被保护电路的供电电源，从而达到防止漏电或触电事故的目的。该电器的设计思想就是将漏电电流转换为动作磁通，经放大和鉴别后产生保护动作。

图 2-64 为 DZ5 低压断路器中所组合的电子式漏电保护器的电路原理图。剩余电流断路器实际上是一种将漏电保护器和主开关组合安装在同一机壳内的塑壳式低压断路器。电路组成主要有零序电流互感器 TA、单极三位开关 Q、整定电阻 R_{L1}、R_{L2} 和 R_{L3}，电容 C_7 和保护

电阻 R_3 组成感测环节。其中单极三位开关 Q 和整定电阻 R_{L1}、R_{L2} 与 R_{L3} 组成整定电路，通过 Q 的变换可分别接通 R_{L1}、R_{L2}、R_{L3}，以达到对额定漏电动作电流的整定，R_{L1}、R_{L2} 与 R_{L3} 对应的额定漏电动作电流分别为 30mA、50mA 和 75mA；按钮 SB、电阻 R_4 和零序电流互感器的试验绕组 TA_0 组成试验电路，通过按下 SB，产生一个模拟漏电信号，以检查漏电保护器的工作是否正常；晶闸管 VT、脱扣线圈 QF、开关 QF 以及电容 C_2、C_5 和电阻 R_1 组成出口电路，当漏电电流超过整定值时，VT 受触发信号触发而导通，使 QF 流过动作电流，脱扣机构动作，驱动开关 QF，使其迅速分断，从而切断供电电源。其中 R_1 和 C_5 为晶闸管 VT 的过电压保护电路，利用 C_5 吸收能量来抑制瞬态过电压，R_1 起阻尼作用，防止 C_5 与电路分布电感发生谐振；整流桥 VC、电阻 R_2、电容 C_4 和压敏电阻器 RV 组成整流滤波电路，380V 交流电经 VC 全波整流和 R_2、C_4 的滤波后，为晶闸管 VT 和集成电路 SF54123 提供直流电源。RV 起过电压保护作用，用于吸收来自电源的瞬时过电压。SF54123 为漏电保护器专用集成电路，其内部电路框图如图 2-64 所示。此集成电路中主要包括差动放大器、基准电压电路、锁定电路和稳压电路四个部分。它能接收零序电流互感器的输出信号，并与基准电压电路的基准电压 U_g 比较，当漏电信号超过基准电压时，通过差动放大器放大，当差动放大器输出电压超过锁定电路的门限电压 U_d 时，锁定电路输出一个触发信号，提供给出口电路的晶闸管 VT 的控制极。其中二极管 VD_1 和 VD_2 为差动放大器输入限幅二极管，用于对漏电保护对象发生金属性接地时出现的极大信号电压进行限幅。

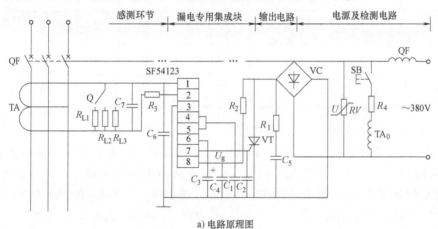

a) 电路原理图

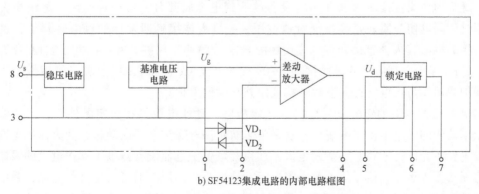

b) SF54123集成电路的内部电路框图

图 2-64　电子式漏电保护器电路原理图

其工作原理为，在正常工作时，电路或用电设备中无漏电或无触电事故发生，穿越零序电流互感器 TA 其中的三相电源线电流的相量和恒等于零，TA 的二次绕组也无信号输出，同样集成电路 SF54123 的锁定电路也无输出，晶闸管 VT 截止，呈开路状态，脱扣线圈 QF 基本上无电流通过，主电路开关 QF 处于闭合位置，系统正常供电。一旦电路或用电设备有漏电或触电事故发生，TA 的二次绕组有漏电信号输出，此信号经 TA 和 R_{L1} 或 R_{L2} 或 R_{L3} 组成的 *I-U* 转换电路，转换为电压信号输出给 SF54123 的第 1 脚和第 2 脚，作为差动放大器的输入信号，并与基准电压 U_g 比较，进行差模放大。如漏电或触电的电流小于额定漏电动作电流的整定值时，差动放大器的输出电压则低于锁定电路的门限电压 U_d，锁定电路无输出，系统仍保持正常供电。但如漏电或触电电流大于额定漏电动作电流的整定值时，差动放大器的输出电压就大于锁定电路的门限电压 U_d，锁定电路即输出一个触发信号，通过 SF54123 的第 7 脚加到 VT 的门极，使 VT 导通，脱扣线圈 QF 流过动作电流，脱扣机构动作，驱动主开关 QF，使其迅速断开，切断电源，从而有效地防止漏电事故扩大，保证了人身安全。

此电路结构简单，直流电源通过整流桥直接整流，省去了电源变压器。同时采用漏电保护器专用集成电路，它能以最少的外接元器件，高标准地完成漏电保护电器各种功能要求，从而使漏电保护电器技术性能更好、体积更小且价格更便宜。

电子式电流型漏电保护电器的主要技术数据见表 2-22。

表 2-22　电子式电流型漏电保护电器的主要技术数据

名称	额定电压/V	额定电流/A	极数	额定漏电动作电流/mA	漏电动作时间/s	极限分断能力	机械/电气寿命/万次
漏电保护开关	220	6、10、15、20	2	15、30	<0.1	220V,1500A	1/0.4
漏电保护继电器	380	220		30、50、100、200、300、500	延时 0.2~1		10/10

漏电保护电器的主要参数有：

（1）额定漏电动作电流（$I_{\Delta n}$）　额定漏电动作电流是指在规定条件下，漏电保护电器必须动作的漏电动作电流值。它反映了漏电保护电器的漏电动作灵敏度。国家标准 GB/T 6829-2017 规定额定漏电动作电流系列为：0.006A、0.01A、0.03A、0.1A、0.2A、0.3A、0.5A、1A、2A、3A、5A、10A、20A 和 30A 共 14 个等级。30mA 及其以下者都属于高灵敏度型，既可用作间接接触触电（用电设备的非带电金属部分，因种种原因，绝缘物失去绝缘作用时，漏电使金属外壳等呈现对地电压，一旦人体接触即发生的触电）保护，也可用作直接接触触电（人体直接和带电体接触的触电）的补充保护。30mA 以上至 1A 者为中灵敏度型，1A 以上者都属于低灵敏度型，30mA 以上至 1A 者和 1A 以上者只能用作间接接触触电保护或用作防止电气火灾事故和接地短路故障的保护。

（2）额定漏电不动作电流（$I_{\Delta n0}$）　额定漏电不动作电流是在规定条件下，漏电保护电器必须不动作的漏电不动作电流值。这是为了防止漏电保护电器误动作，因为任何电网都存在正常工作所允许的三相不平衡漏电流，如果漏电保护电器没有漏电不动作电流的限制，则电网将无法投入运行。很显然，额定漏电不动作电流越趋近于额定漏电动作电流，漏电保护电器的性能越好，但制造也越困难。国家标准 GB/T 6829-2017 规定，额定漏电不动作电流不得低于额定漏电动作电流的 1/2。

（3）漏电动作分断时间 漏电保护电器的漏电动作分断时间是从发生漏电故障且漏电电流大于或等于额定漏电动作电流开始到被保护主电路完全被分断为止的这段时间。为达到人身触电时的安全保护和适应分级保护的要求，漏电保护电器的漏电动作分断时间有无延时型和延时型两种。无延时型漏电保护电器没有人为延时，适用于单级保护，用于直接接触保护的漏电保护电器必须用快速型；延时型主要用于分级保护首端，仅适用于 $I_{\Delta n}>30\text{mA}$ 的情况下，其特点是漏电电流越大，动作时间越短。国家标准 GB/T 6829-2017 规定了漏电保护电器的动作时间，比如无延时型漏电保护电器对于交流剩余电流 $I_{\Delta n}$、$2I_{\Delta n}$、和 $5I_{\Delta n}$，最大动作时间分别为 0.2s、0.1s 和 0.04s。延时型漏电保护电器的额定动作时间为 0.06s，对于交流剩余电流 $I_{\Delta n}$、$2I_{\Delta n}$、和 $5I_{\Delta n}$，最大动作时间分别为 0.5s、0.2s 和 0.15s；对于脉动直流剩余电流 $1.4I_{\Delta n}$、$2.8I_{\Delta n}$、和 $7I_{\Delta n}$，最大动作时间分别为 0.5s、0.2s 和 0.15s。

2. 过载和短路保护继电器

过载和短路保护继电器属过电流保护电器。

（1）电路的基本组成 图 2-65 所示为三相桥式过载和短路保护继电器电路原理图。三相桥式过载和短路保护继电器是由三相桥式测量电路、鉴幅器、时限电路和输出电路等组成，其中测量电路是由三个电流互感器 TA_U、TA_V、TA_W 的二次绕组构成的星形联结，并和电阻器 R_{fU}、R_{fV} 及 R_{fW} 组成的 $I\text{-}U$ 转换器，输出端 a、b 和 c 分别接至二极管 $VD_1 \sim VD_6$ 所组成的三相桥式整流电路的输入端，经整流和电容 C_1 平滑滤波后的信号由电阻 R_1 和电位器 RP_1 所组成的整定电路输出。

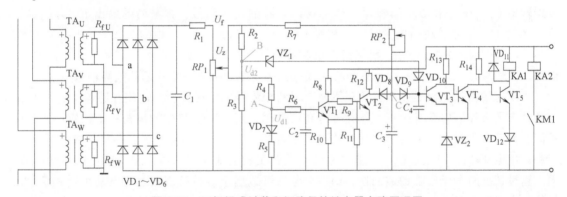

图 2-65 三相桥式过载和短路保护继电器电路原理图

电阻 R_4、R_5 以及二极管 VD_7 组成的分压比较电路与晶体管 VT_1、VT_2 组成的发射极耦合触发器构成过载保护用的鉴幅器，门限电压 U_{d1} 约为 1.8V。电阻 R_2、R_3 组成的分压比较电路与稳压二极管 VZ_1、VZ_2，二极管 VD_{10}，晶体管 VT_3、VT_4 构成短路保护用的鉴幅器，其门限电压 $U_{d2} = U_{VZ_1} + U_{VD_{10}} + U_{VT_{3(be)}} + U_{VZ_2}$，时限电路由时间整定电位器 RP_2、电阻 R_7、电容 C_3、晶体管 VT_3、稳压二极管 VZ_2 构成。输出电路由晶体管 VT_4、VT_5、继电器 KA1、KA2 等构成。

（2）电路的工作原理 在电动机正常运行时，测量电路输出的电压 U_f 较低，使点 A 的电压值小于鉴幅器的门限电压 U_{d1}，则晶体管 VT_1 截止，VT_2 导通，电容 C_3 两端建立初始电压 U_{C30}，时限电路不工作。且 U_{C30} 小于输出电路门限电压 U_{d3}，使二极管 VD_9、晶体管 VT_3 截止，VT_4 导通，VT_5 截止，继电器 KA1、KA2 不动作；同样因分压点 B 的电压值也小于短路保护鉴幅器的门限电压 U_{d2}，也使得晶体管 VT$_3$ 截止，VT$_4$ 导通，VT$_5$ 截止，继电器 KA1、KA2 不动作。当电动机出现过载时，测量电路的输出电压 U_f 升高，使点 A 电压达到门限电压 U_{d1}，发射极耦合触发器状态改变为晶体管 VT$_1$ 导通、VT$_2$ 截止，VT$_2$ 输出为高电平，使二极管 VD$_8$ 截止，因电容 C_3 上的电压不能突变，故 C_3 开始经电阻器 R_7 和电位器 RP_2 充电，使点 C 电位由 U_{C30} 基础上上升，经历某一时限后升至输出电路的门限电压 U_{d3}，使二极管 VD$_9$、晶体管 VT$_3$ 导通，VT$_4$ 截止，VT$_5$ 导通，带动继电器 KA1 动作，经 KA2 发出信号。对短路保护环节来说，此时同样因点 B 电压小于鉴幅器的门限电压 U_{d2}，故其无反应。当电动机出现短路故障时，电流超过短路保护环节的整定值，使点 B 电压等于或大于鉴幅器的门限电压 U_{d2}，使稳压二极管 VZ$_1$ 反向击穿，二极管 VD$_{10}$、晶体管 VT$_3$ 导通，VT$_4$ 截止，VT$_5$ 导通，继电器 KA2 瞬时发出跳闸信号。

3. 断相保护继电器

当电动机断相运行时，其各运行参数将发生显著的变化，因此可以利用断相故障后各运行参数变化中的某个特征来取得表征断相的信号。常用的方法有以线电流等于零为原则的断相测量电路、以负序电压为原则的断相测量电路和以过载保护为原则的断相测量电路。下面以线电流等于零为原则的断相测量电路为例说明其工作原理。

以线电流等于零为原则的断相测量电路如图 2-66 所示。由图中可见其每相都接有独立的电流互感器 TA 和整流滤波电路等构成星形联结的断相测量电路。

在电动机正常运行时，测量电路中各电流互感器二次绕组有电流输出，经整流和滤波等分别输出 U_{Ux}、U_{Vx} 和 U_{Wx} 直流电压作为与门电路的输入信号，则与门的输出 U_Y 为"1"。当电动机任一相出现断相故障时，断相线电流等于零。如 U 相出现断相，即 U 相线电流等于零，U 相电流互感器 TA$_U$ 二次绕组无电流输出，同样 U_{Ux} 输出零电压信号，则与门电路输出 U_Y 为"0"。以此任一相出现断相时线电流等于零为原则来取得断相故障信号。

由于这种测量电路是以电流等于零来取得断相信号的，因此所用电流互感器 TA 可在磁饱和状态下工作。电流互感器工作在磁饱和状态时，其二次绕组的输出是一个恒定的电压。不同容量的电动机和不同的运行功率情况，虽然电流不等，但各相电流互感器的二次绕组电流和输出电压 U_{Ux}、U_{Vx}、U_{Wx} 都基本相等。只有在发生断相时，对应相的输出电压才等于零。这种情况有利于电器的通用性，即一个电器可适用于容量范围较宽的电动机断相保护。另外，由于三相异步电动机空载电流值较大，因而即使电动机在接近空载运行时发生断相故障也可得到保护。

值得注意的是，以线电流等于零为原则的断相测量电路只适应于绕组为星形联结的电动机。对绕组为三角形联结的电动机，由于绕组发生断相时，主电路三相仍可能有电流，故测量电路无法取得断相信号。因此以电流为原则的测量电路不能使用在三角形联结的电动机中。

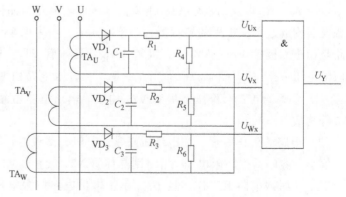

图 2-66　以线电流等于零为原则的断相测量电路

4. 温度保护继电器

（1）分压式温度保护继电器 分压式温度保护继电器电路原理图如图 2-67 所示。

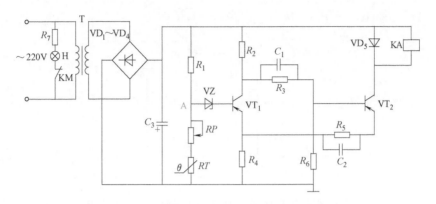

图 2-67 分压式温度保护继电器电路原理图

由电阻 R_1、电位器 RP 和 NTC 型热敏电阻 RT 组成分压式测量电路。晶体管 VT_1、VT_2 组成的发射极耦合触发器和稳压二极管 VZ 构成鉴幅器，同时又和继电器 KM 组成出口电路。电阻 R_7、指示灯 H 和 KA 常闭触头组成指示电路。C_1 为加速电容器，C_2 为正反馈电容器，和电阻 R_5 一起用于改善开关特性，电源电路由变压器 T、整流桥 $VD_1 \sim VD_4$ 和滤波电容 C_3 组成。

在正常工作状态下，被测温度很低时，RT 具有较大的电阻值，点 A 上的电压 U_A 较高，大于稳压二极管 VZ 和发射极耦合触发器动作电压之和，即鉴幅器的门限电压，使 VZ 被击穿导通，VT_1 也饱和导通，VT_2 则截止，继电器 KA 不动作，指示灯 H 亮。当被测温度上升到设定值时，U_A 小于鉴幅器的门限电压，使 VZ、VT_1 立即由导通进入截止，VT_2 饱和导通，继电器 KA 线圈得电，常闭触头断开发出保护动作信号，同时指示电路也断开，H 熄灭指示温度保护继电器已动作。调节 RP 即改变温度设定值。

（2）用于电动机的温度保护继电器 一个热敏电阻只能检测一相绕组的温度，一台三相电动机至少需要三个热敏电阻。为使三个测量电路共用一个温度继电器的电子电路，三个测量电路可有两种接线方式。一种为一台电动机的每相绕组内埋设的一个热敏电阻，三个热敏电阻再在电动机特设的接线端子上串联起来，然后送出机外与温度保护继电器电子电路连接，此方式引出线只有两根，配线得到简化。称为热敏电阻器串联方式，其构成的温度保护继电器电路原理图如图 2-68 所示。另一种为一台电动机的三个热敏电阻分别引出接线，则至少需要四根引出线。此方式称为热敏电阻器并联方式，其构成的温度保护继电器电路原理图如图 2-69 所示。串联方式测量电路的信号输出电压 U_x 是三个热敏电阻 RT_U、RT_V 和 RT_W 的电压降之和，电动机在额定功率长期运行时 U_x 小于鉴幅器的门限电压 U_d，理论上当电动机出现故障时，三相绕组的温度升高，即使只有一相绕组的温度达到整定值，温度保护继电器都应能立即动作，起到对电动机的保护作用，但其实不然，因为此测量电路的热敏电阻值是三个热敏电阻值的串联之和，如按上述要求整定保护动作值时，当仅有一相绕组过热时，而另外两相绕组则低于整定保护动作值时，此时三个热敏电阻值的串联之和可能尚未达到温度保护继电器动作值，则出现不能有效保护的盲区。热敏电阻器的 R-T 特性的突变特性越差，此盲区就越大。当然如热敏电阻器的 *R-T* 特性具有理想的突变特性，则不存在盲区。

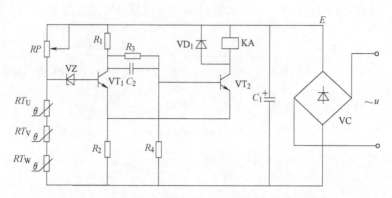

图 2-68　热敏电阻串联方式温度保护继电器电路原理图

并联方式每一个热敏电阻有各自的分压电阻，热敏电阻 RT_U、RT_V、RT_W 分别输出反映各相绕组温度的电压信号，各电压信号又经二极管 $VD_5 \sim VD_7$ 组成的或门电路送至后级公共鉴幅器。只要三个热敏电阻 RT_U、RT_V、RT_W 的特性和参数相同，且 RP_1、RP_2、RP_3 的电阻值相等，即使只有一相绕组温度达到整定保护动作值，温度保护继电器仍能可靠动作，由此可见，采用并联方式可克服串联方式的不足。

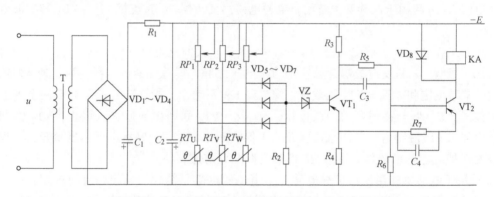

图 2-69　热敏电阻并联方式温度保护继电器电路原理图

第九节　电气控制系统图与电路分析

知识目标	➤了解图形符号和文字符号的作用。 ➤掌握常用电气元件的图形符号和文字符号。 ➤了解支路标号和接线端子标号的作用。 ➤掌握电气原理图、电气位置图和电气安装接线图的作用及绘制规则。
能力目标	➤能正确标注支路标号和接线端子标号。 ➤能正确绘制电气原理图、电气位置图和电气安装接线图。

要点提示：

电气设备的各种图样分别具有不同的作用，提供给不同的人员使用。如电气原理图一般给图样审批、设备安装、调试和维护人员使用；电气位置图主要给设备生产企业的电器安装工使用；电气安装接线图主要提供给设备安装、调试工和控制柜接线工使用。无论哪一种图样，其规范性是至关重要的，即制图过程中使用的图形符号、文字符号、支路标号、接线端子标号必须符合国家标准的要求，以便所有相关人员都能正确识图。

在学习各种控制电路之前，首先要掌握绘制、识读电气控制系统图的基本知识。

电气控制系统是由许多电气元件按一定要求连接而成的。为了表达生产机械电气控制系统的结构原理等设计意图，同时也为了便于电气元件的安装、调整、使用和维修，电气控制系统中各电气元件的连接是用一定的图形表达出来的，这种图形就是电气控制系统图。

生产机械的电气控制系统图包括电气原理图、电气位置图和电气安装接线图三种。在图中用不同的图形符号、文字符号和序号表示各种电气元件和电气设备或电路的功能、状态和特征，图上还要标上表示导线的线号与接点编号等。各种符号有其不同的用途和规定的画法，以下分别介绍。

一、电气控制系统图中的图形符号和文字符号

电气控制系统图中的图形符号和文字符号必须有统一的国家标准。我国 1990 年以前采用国家科委 1964 年颁布的 "电工系统图图形符号" 的国家标准（即 GB312-64）和 "电工设备文字符号编制通则"（GB315-64）的规定。近年来，随着国外先进技术和设备的不断进入，为了便于掌握引进的先进技术和设备以及加强国际交流，国家标准逐渐向国际电工协会（IEC）颁布的标准靠拢，并随国际电工协会标准的变化而不断更新。目前执行的是中华人民共和国国家质量监督检验检疫总局和中国国家标准化管理委员会在 2008、2018 年陆续颁布的《电气简图用图形符号》，即 GB/T 4728，包括 13 个部分，GB/T 4728.1～GB/T 4728.5 为 2018 年颁布，GB/T 4728.6～GB/T 4728.13 为 2008 年颁布；及 2006～2008 年逐渐颁布的《电气技术用文件的编制》，即 GB/T 6988，目前执行的包括 2 个部分，GB/T 6988.1—2008（电气技术用文件的编制 第 1 部分：规则）和 GB/T 6988.5—2006（电气技术用文件的编制 第 5 部分：索引）。

1. 图形符号

所有图形符号应符合 GB/T 4728—2008、2018《电气简图用图形符号》的规定。当该标准给出几种形式时，应尽可能采用优选形式，且在满足需要的前提下，尽量采用最简单的形式，在同一图号的图中使用同一种形式。GB/T 4728—2008、2018 示出的符号方位在不改变符号含义的前提下，符号可根据图面布置的需要旋转，但文字和指示方向不得倒置。一般情况下按附录中的符号形式垂直画出，需要水平画出时逆时针方向旋转 90°即可。

2. 文字符号

在 2005 年以前，电气控制系统图中的文字符号应符合 GB 7159—1987《电气技术中的文字符号制订通则》。2005 年该标准被废止，但仍在沿用。参考标准可使用 GB/T 20939—2007《技术产品及技术产品文件结构原则 字母代码 按项目用途和任务划分的主类和子类》。

文字符号适用于电气技术领域中技术文件的编制，也可标注在电气设备、装置和元器件上或其近旁，以表示电气设备、装置和元器件的名称、功能、状态和特征。

文字符号分为基本文字符号和辅助文字符号。

（1）基本文字符号 此类符号有单字母符号和双字母符号两种。其中单字母符号是按拉丁字母将各种电气设备、装置和元器件划分为23大类，每一类用一个专用单字母符号表示。如"C"表示电容类，"R"表示电阻类。双字母符号是由一个表示种类的单字母符号与另一个字母组成，其组合形式应以单字母符号在前，另一字母在后的次序列出。只有当用单字母符号不能满足要求，需要将大类进一步划分时，才采用双字母符号，以便更详细、更具体地表示电气设备、装置和元器件。如"F"表示保护器件类，而"FU"表示熔断器，"FR"表示具有延时动作的限流保护器件。

（2）辅助文字符号 辅助文字符号是用以表示电气设备、装置和元器件以及电路的功能、状态和特征的。如"SYN"表示同步，"L"表示限制，"RD"表示红色等。辅助文字符号也可放在表示种类的单字母符号后边组成双字母符号，如"SP"表示压力传感器，"YB"表示电磁制动器等。为了简化文字符号，若辅助文字符号由两个以上字母组成时，允许只采用其第一位字母进行组合，如"MS"表示同步电动机等。辅助文字符号还可以单独使用，如"ON"表示接通，"M"表示中间线，"PE"表示保护接地等。

（3）补充文字符号的原则 当规定的基本文字符号和辅助文字符号不够使用时，可按国家标准中规定的文字符号组成规律和以下原则予以补充。

1）在不违背国家标准编制原则的条件下，可采用国际标准中规定的电气技术文字符号。

2）在优先采用标准中规定的单字母符号、双字母符号和辅助文字符号前提下，可补充未列出的双字母符号和辅助文字符号。

3）文字符号应按有关电气名词术语国家标准或专业标准中规定的英文术语缩写而成。基本文字符号不得超过两位字母，辅助文字符号一般不能超过三位字母。

4）因拉丁字母"I""O"易与阿拉伯数字"1"和"0"混淆，因此，不允许单独作为文字符号使用。

5）文字符号的字母采用拉丁字母大写正体字。

二、电气控制系统图中的支路标号和接线端子标号

1. 支路标号

电气控制系统中的支路一般都应标号。控制电路的支路标号一般由三位或三位以下的数字组成。主电路标号则由文字符号和数字组成。数字标号用阿拉伯数字，文字符号用汉语拼音字母。标注方法按"等电位"原则进行，即在电路中连于一点上的所有导线（包括接触连接的可拆卸线段），必须标以相同的支路标号；由线圈、绕组、触头或电阻、电容等所间隔的线段均视为不同的线段，须标以不同的支路标号。对于其他设备引入本系统中的联锁支路，可按原引入设备的支路特征标号。

在电气控制系统图中，支路标号的编排次序和标注位置按下述原则进行：在水平绘制的支路中，应尽量自左至右的顺次标号，标号一般注于表示导线的上方。在垂直绘制的支路中，应尽量自上至下的顺次标号。

2. 接线端子标号

接线端子标号是指用以连接器件和外部导电件的标记。主要用于基本器件（如电阻、熔断器、继电器、变压器和电动机等）和由它们组成的设备（如电动机控制设备）的接线端子标记，也适用于执行一定功能的导线线端（如电源接地、机壳接地等）的识别。根据GB/T 4026—2019《人机界面标志标识的基本和安全规则　设备端子和导体终端的标示》规定：交流系统三相电源导线和中性线用 L1、L2、L3、N 标号；直流系统电源正、负极导线和中间线用 L+、L−、M 标号；保护导体和保护接地线用 PE 标号；保护连接导线用 PB标号。

电源开关之后的三相交流电源主电路分别按 U、V、W 顺序标记。电源后有分支时，在字母的后面加两位数字来区分，个位上的数字表示分支上的第几个点，十位上的数字表示第几个分支，如 U21 表示在第二个分支上 U 相上第一个支路标号点。

带 6 个接线端子的三相电器，首端分别用 U1、V1、W1 标号；尾端分别用 U2、V2、W2标号；中间抽头分别用 U3、V3、W3 标号。

对于同类型的三相电源，其首端或尾端在字母 U、V、W 前冠以数字来区别，即 1U1、1V1、1W1 与 2U1、2V1、2W1 为两个同类三相电源的首端标号，而 1U2、1V2、1W2 与2U2、2V2、2W2 为其尾端标号。

控制电路接线端子采用阿拉伯数字编号，一般由三位或三位以下的数字组成。标注方法也是按照"等电位"原则进行。

三、电气控制系统图

电气控制系统图（简称电气图）一般分为电气原理图、电气位置图和电气安装接线图三种。

1. 电气原理图

用规定的图形符号，按主电路与辅助电路相互分开并依据各电气元件动作顺序等原则所绘制的电路图，叫电气原理图。它包括所有电气元件的导电部件和接线端子，但并不按照各电气元件实际布置的位置来绘制。

电气原理图的用途是：详细理解电路、设备或成套装置及其组成部分的作用原理；为测试和寻找故障提供信息；作为编制电气安装接线图的依据。

国家标准 GB/T 6988—2006、2008《电气技术用文件的编制》规定了电气原理图的绘制规则：

1）电气原理图应布局合理、清晰，准确地表达作用原理。

2）需要测试和拆装外部引出线的端子，应用图形符号"空心圆"表示，电路图的连接点用"实心圆"表示。

3）电气原理图在布局上采用功能布局法，同一功能的相关电气元件应画在一起。电路应按动作顺序和信号流自上而下或自左至右的原则绘制。

4）电气原理图中各电气元件，一律采用国家标准规定的图形符号绘出，用国家标准规定的文字符号标号。

5）电气原理图中的元件、器件和设备的可动部分以在非激励或不工作的状态或位置来表示。如继电器和接触器在非激励的状态；断路器和隔离开关在断开位置；带零位的手动控制开关在零位位置，不带零位的手动控制开关在规定的位置；机械操作开关，例如行程开关在非工作的状态或位置。

6）电气原理图应按主电路、控制电路、照明电路和信号电路分开绘制。直流和单相电源电路用水平线画出，一般画在图样上方（直流电源的正极）和下方（直流电源的负极）。多相电源电路集中水平画在图的上方，相序自上而下排列，中性线（N）和保护接地线（PE）放在相线之下。主电路与电源电路垂直画出。控制电路与信号电路垂直画在两条水平电源线之间。耗电部件（如电器的线圈、电磁铁、信号灯等）直接与下方水平线连接，控制触头连接在上方水平线与耗电部件之间。

7）电气原理图中各触头的图形符号一般垂直绘制，并以"左开右闭"为原则，即垂线左侧的触头为常开触头，垂线右侧的触头为常闭触头。

图 2-70 为 CW6132 型卧式车床的电气原理图。

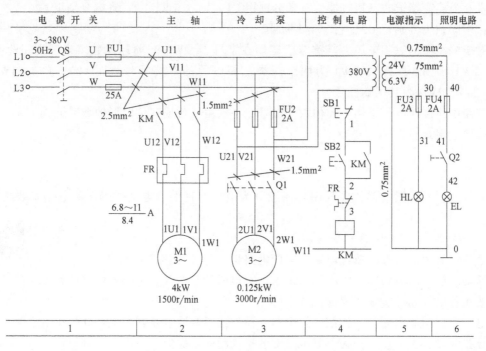

图 2-70　CW6132 型卧式车床电气原理图

2. 电气位置图

电气位置图是用来表示成套装置、设备或装置中各个项目位置的一种图。如机床上各电气设备的位置，机床电气控制柜上各电器的位置，都由相应的电气位置图来表示。如图 2-71 所示为 CW6132 型卧式车床电气位置图，图 2-72 为 CW6132 型卧式车床控制盘电气位置图。

3. 电气安装接线图

用规定的图形符号，按各电气元件相对位置绘制的实际接线图叫电气安装接线图。它表示成套装置、设备的连接关系，用于安装接线、电路检查、电路维修和故障处理。在实际应用中电气安装接线图通常需要与电气原理图和电气位置图一起使用。

电气安装接线图分为单元接线图、互连接线图、电缆配置图和端子接线图等。

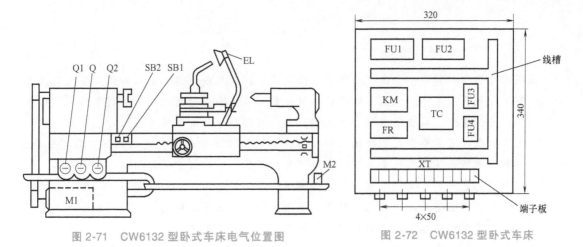

图 2-71 CW6132 型卧式车床电气位置图

图 2-72 CW6132 型卧式车床
控制盘电气位置图

单元接线图表示单元内部的连接情况，通常不包括单元之间的外部连接，但可给出与之有关系的互连接线图的图号。单元接线图通常应大体按各个项目的相对位置进行布置。

互连接线图表示单元之间和设备的接线端子及其与外部导线的连接关系，通常不包括单元或设备的内部连接，但可提供与之有关的图号。

电缆配置图表示单元之间外部电缆的敷设，也可表示电缆的路径情况。

总之，电气安装接线图是实际接线安装的依据和准则。它清楚地表示了各电气元件的相对位置和它们之间的电气连接，所以电气安装接线图不仅要把同一个电器的各个部件画在一起，而且各个部件的布置要尽可能符合这个电器的实际情况，但对尺寸和比例没有严格要求。各电器的图形符号、文字符号和支路标号均应以电气原理图为准，并与电气原理图一致，以便查对。

不在同一个控制箱内和不在同一块配电屏上的各电气元件之间的导线连接，必须通过接线端子进行；同一个控制箱内的各电气元件之间的接线可以直接相连。

在电气安装接线图中，分支导线应在各电气元件接线端子引出。电气安装接线图上所表示的电气连接，一般并不表示实际走线的途径，施工时由操作者根据经验选择最佳走线方式。

图 2-73 为 CW6132 型卧式车床电气互连接线图。

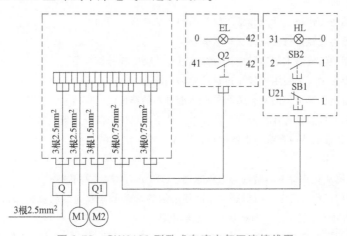

图 2-73 CW6132 型卧式车床电气互连接线图

小结

低压电器的种类繁多，本章较为详细地介绍了电磁式低压电器的基本知识。在此基础上分别介绍了接触器、各种继电器、熔断器、低压断路器和手控电器及主令电器等常用低压电器的结构、工作原理、主要技术数据、典型产品、图形符号和文字符号等。

电磁式低压电器主要由电磁机构、触头系统和灭弧装置等组成，使用类别、额定电压、额定电流和通断能力等是其主要参数，在选用电磁式低压电器时，要依据这些参数选择。每一种低压电器都有一定的使用范围，要根据使用条件正确选用。有些电器在使用时，还要根据被控制或被保护电路的具体要求，在一定范围内调整，应在掌握其工作原理的基础上掌握其调整方法。其详细内容可参阅电器产品说明书或有关的电工手册。

随着技术进步，人们实现了电器由手动到自动的发展过程，但早期的自动电器基本上都是有触头电器。在电子技术的飞速发展过程中，人们注重将微电子等新技术、新工艺和新材料等应用于电器的改进和新产品的开发，低压电器的发展趋势是电子化、智能化、组合化、模块化和小型化，并不断向高性能和高可靠性方向发展。从本章与第一章的比较中不难发现，大到电动机的综合保护，小到一个检测运动位置的开关，电子电器都可以实现。

为不断优化和改进控制电路，应及时了解电器的发展动向，及时掌握各种新型电器。在选用时，也应优先选用新型电器。不少低压电器的龙头企业都有专门的企业网站，用于对本企业的产品进行介绍，了解产品的作用、性能和技术指标已经不需要完全依赖设计手册，尤其是企业的某些非通用型或新型产品，设计手册中反而查找不到。

习题

2-1 分别说出电磁式电器的吸力特性与反力特性。为什么在衔铁吸合过程中，吸力特性要始终位于反力特性的上方？

2-2 什么是低压电器？低压电器按动作方式分可分为哪几类？

2-3 若把交流电磁线圈误接入直流电源，而把直流电磁线圈误接入交流电源将会发生什么现象？为什么？

2-4 交流接触器在动作时，常开和常闭触头的动作顺序是怎样的？

2-5 交流接触器与直流接触器以什么来区分？

2-6 加在交流接触器线圈上的实际电压过高或过低将会造成什么现象？

2-7 交流接触器主触头在使用中发生过热的原因是什么？

2-8 如何调整过电压继电器的吸合值和欠电压继电器的释放值？

2-9 中间继电器和接触器有什么异同？在什么条件下可以用中间继电器代替接触器起动电动机？

2-10 交流过电流继电器与直流过电流继电器吸合电流整定范围是多少？直流欠电流继电器吸合电流与释放电流整定范围是多少？

2-11 简述双金属片式热继电器结构与工作原理。

2-12 星形联结的三相感应电动机能否采用两相结构的热继电器作为断相保护和过载保护？三角形联结的三相感应电动机为什么要采用带断相保护的热继电器？

2-13 电动机的起动电流很大，那么当电动机起动时，热继电器会不会动作？为什么？

2-14 某机床的电动机为 Y-132S-4 型，额定功率 5.5kW，电压为 380V，额定电流 11.6A，起动电流为额定电流的 7 倍，现用按钮进行起停控制，要求控制电路具备短路保护和过载保护，试选择接触器、熔断器和热继电器。

2-15 是否可以用过电流继电器作为电动机的过载保护？为什么？

2-16 熔断器的额定电流、熔体的额定电流和熔体的极限分断电流三者有什么区别？

2-17 低压断路器在电路中的作用是什么？失电压、过载及过电流脱扣器起什么作用？

2-18 按钮有哪些主要参数？如何选用？

2-19 电子电器有哪些优点和缺点？

2-20 阻容式晶体管时间继电器由哪些基本环节组成，各基本环节的作用是什么？

2-21 电子式时间继电器与传统的时间继电器相比较有哪些优点？

2-22 JS20 系列时间继电器主要技术数据有哪些？

2-23 接近开关按工作原理分有哪几种类型？

2-24 接近开关的电路由哪几部分组成？各有什么作用？

2-25 漏电保护继电器由哪些基本环节组成？各基本环节的作用是什么？

第三章

三相异步电动机及其控制

生产实际中的各种生产机械一般都是由电动机拖动的。由于各种生产机械的工作性质和加工工艺不同，使得它们对电动机的控制要求不同，要使电动机按照生产机械的要求正常安全地运转，必须配备一定的电器，组成一定的控制电路才能达到目的。其中最常见的是继电器-接触器控制方式，又叫电器控制。本章主要介绍三相异步电动机的工作原理以及继电器-接触器控制方式中的典型电路，如三相异步电动机的起动、运行、制动和调速的基本控制电路。

第一节　三相异步电动机的铭牌数据与异步电动势

知识目标	➤了解三相异步电动机铭牌的特点及作用。 ➤掌握三相异步电动机的额定数据。 ➤理解异步电动机的感应电动势的特点。
能力目标	➤能够根据电动机的铭牌数据，理解电动机的运行特性及技术要求。 ➤根据电动机的铭牌，选择适合应用要求的电动机产品。

要点提示：

　　每台三相异步电动机上都有一块铭牌，上面标有生产厂家为用户规定的该电动机在正常运行状态时的额定数据，体现了电动机的运行特点和使用时的技术要求，对于该电动机的使用、修理以及选择合适的替代产品提供了重要的参考。三相异步电动机的定子和转子与旋转磁场存在相对切割运动，分别产生感应电动势，构成定子和转子回路的电路平衡关系。异步电动机的感应电动势对于理解三相异步电动机的工作过程具有重要的意义，必须深入理解。

一、三相异步电动机的铭牌数据

　　仔细观察电动机的外形，每一台电动机的机座上都装有一块薄铝板的铭牌，如图 3-1 所示，铭牌上较详细地介绍了电动机的特性和一般技术要求，给使用、检查和修理电动机创造了良好的条件。铭牌上标明的参数主要有：型号、额定功率、额定电压、额定电流、额定频率、额定转速、接法和绝缘等级等。若电动机没有铭牌或铭牌上的内容不清，则不要使用该电动机，以免发生事故。在使用、检查和维修电动机前，都要首先弄清铭牌上的各种数据和符号。

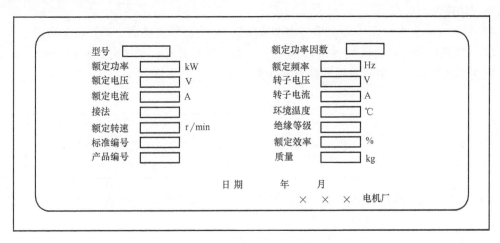

图 3-1　三相异步电动机铭牌

1. 型号

掌握电动机型号对于电动机的使用和维修是非常重要的。如机座号码是代表大小的，如果要配一台电动机的机座，不一定要到原制造厂去配，只要知道机座号码，其他制造厂的产品也可配置。电动机产品型号是为统一国家产品的种类，便于使用、制造及设计部门进行业务上的联系和简化技术文件中产品名称、规格和形式等叙述而制定的一种代号。它由四部分组成，即产品代号、规格代号、特殊环境代号和补充代号，排列顺序如下：

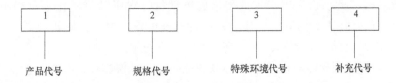

（1）产品代号　电动机产品代号由类型代号、特点代号、设计序号和励磁方式代号四个小节顺序组成。

1）类型代号　表示电动机的各种类型，采用汉语拼音字母表示，见表 3-1。

表 3-1　类型代号

产品名称	新代号	汉字意义	旧代号
笼型异步电动机	Y、Y-L	异	J、J0
绕线转子异步电动机	YR	异绕	JR、JR0
防爆式异步电动机	YB	异爆	JB、JBS
防爆安全型异步电动机	YA	异安	JA
高起动转矩异步电动机	YQ	异起	JQ、JQ0

表 3-1 中 Y、Y-L 系列是新产品。Y 系列定子绕组为铜线，Y-L 系列定子绕组为铝线。

这两种系列因体积小、效率高及过载能力强，已取代了 J、J0 系列电动机。

2）特点代号　表示电动机的性能、结构或用途，采用汉语拼音字母表示。

3）设计序号　表示电动机的产品的设计顺序，用阿拉伯数字表示，对于第一次设计的产品不标注序号。

4）励磁方式代号　用字母表示三次谐波励磁，J 为晶闸管励磁，X 为相变励磁。

（2）规格代号　电动机的规格代号用中心高、铁心外径、机座号、机座长度、铁心长度、转速或极数表示，主要系列产品见表 3-2。

表 3-2　规格代号

系列产品	规格代号
小型异步电动机	中心高(mm)-机座长度(字母代号)铁心长度(数字代号)-极数
中小型异步电动机	中心高(mm)-铁心长度(数字代号)-极数

表 3-2 中机座长度用国际通用字母代号表示：S 表示短机座，M 表示中机座，L 表示长机座。铁心长度按短至长的顺序用数字 1、2、3……表示。

（3）特殊环境代号　电动机特殊环境代号见表 3-3。

表 3-3　特殊环境代号

特殊环境	代号	特殊环境	代号
"高原"用	G	"热"带用	T
"船"(海)用	H	"湿热"带用	TH
户"外"用	W	"干热"带用	TA
化工防"腐"用	F		

（4）补充代号　此项仅适用于有此要求的电动机，它用汉语拼音字母或阿拉伯数字表示。需要用补充代号代表其内容时，应在产品的标准中作出规定，例如：

Y112S—6 指笼型异步电动机，中心高 112mm，短机座，6 极。

Y500—2—4 指笼型异步电动机，中心高 500mm，2 号铁心长，4 极。

2. 标准编号

标准编号是指电动机产品按这个标准生产，且技术数据能达到这个标准要求。

3. 产品编号

产品编号是对每台电动机产品给予一个号码，以便彼此相区别，否则所有实验结果和使用情况无法分别记录。

4. 额定功率

额定功率是指电动机在铭牌规定的条件下正常工作时，转轴上输出的机械功率，单位千瓦，记为 kW。如一台 10kW 的电动机，就表示这台电动机转轴能长期带动功率为 10kW 的工作机械。如果一台 10kW 的电动机拖动 11kW 的负载，虽可拖动，但负载过大，电动机易过热，其他性能可能变差，所以电动机长期要在额定功率下运行，一般可以短时过载运行。

5. 额定电压

额定电压是指电动机在额定工作状况下运行时，定子绕组应加的线电压值。电压单位为伏特，记为 V。如果铭牌上标有两个电压数据，如 220V/380V，表示该电动机定子绕组在两种不同接法（星形联结、三角形联结）时的额定线电压。

6. 额定电流

额定电流是指电动机在额定工作状况下运行时，定子绕组输入的电流，单位为安培，记为 A。

7. 接法

接法是指电动机定子绕组的六个引出线头的接线方法，即接成星形（Y）联结，还是三角形（△）联结。接线时必须注意电动机的电压、电流和接法三者之间的关系。如铭牌中标有额定电压 220V/380V，额定电流 14.7A/8.49A，接法 △/Y，说明电源线电压不同时，对应着不同的接法。当电源电压为 220V 时，电动机应接成三角形联结；当电源电压为 380V，应接成星形联结。

8. 额定频率

额定频率是指输入交流电的频率，我国规定标准电源频率为 50Hz。

9. 额定转速

额定转速是指电动机在额定功率时，转子每分钟的转数。如 1450r/min，表示每分钟额定转数为 1450 转。电动机空载时，转速接近同步转速，满载时转速略低。

10. 绝缘等级

绝缘等级表示电动机在额定工作状况下运行时，绕组允许温度的升高值（即绕组温度比周围空气温度高出的数值）。允许温升的高低取决于电动机使用的绝缘材料。绝缘材料的耐热等级见表 3-4。也有的电动机制造厂在铭牌上直接给出电动机的允许温升，如一台电动机其绕组允许温升为 60℃，实际使用时，测得电动机绕组温度是 70℃，而当时室温为 20℃，则绕组的实际温升为 50℃。因此，实际温升没有超过所允许的温升 60℃，可以继续运行。若超过允许温升，绕组容易受热而损坏。

表 3-4 绝缘材料的耐热等级

耐热等级	极限工作温度/℃	绝缘材料及其制品举例
Y	90	棉纱、布带、纸
A	105	黄、(黑)、蜡布(绸)
E	120	玻璃布、聚酯薄膜
B	130	黑玻璃布、聚酯漆包线
F	155	云母带、玻璃漆布
H	180	有机硅云母制品、硅有机玻璃漆布
C	180 以上	纯云母、陶瓷、聚四氟乙烯

11. 额定功率因数

额定功率因数是指额定条件下电动机正常运行时，定子绕组的相电压和相电流之间的相位差余弦值。

12. 额定效率

额定效率是指电动机在额定工作状况运行时的效率。

13. 工作制或定额

工作制或定额用于说明电动机允许连续使用的时间。前文提到过 10kW 电动机拖动 11kW 的负载，定子绕组要过热，但不是马上过热，而是需经过一定时间才过热的。因此，在规定电动机的额定功率的同时，还需规定连续工作的时间。工作制分为 S1~S9 九种，下面介绍较为常见的三种：

（1）连续工作制（S1）　指电动机可长时间带额定负载，温升不会超过规定的值。

（2）短时工作制（S2）　指电动机不能连续使用，只能按规定的时间带额定负载工作，短时运行持续时间有 10min、30min、60min 和 90min。

（3）断续周期工作制（S3）　指电动机在铭牌规定的额定条件下只能断续运行。每一周期由一段恒定负载运转时间和一段停转时间所组成。一般规定一周期为 10min。负载持续率规定有 15%、25%、40% 及 60% 四种。

14. 制造年月

制造年月表示电动机的出厂日期。

15. 质量

质量是指这台电动机的总质量，单位为 kg（千克）。

16. 制造厂家

标明厂名，便于用户与制造厂联系以沟通反映这台电动机的有关问题。

上述为较详细的铭牌数据值，有的电动机的铭牌上只列出有关的重要几项内容，如图 3-2 所示。

此外，电动机铭牌除标注上述数据和符号外，对防护型电动机还标明了电动机的防护形式，Ip 表示防护形式，Ip 后的第一个数字代表防尘等级，第二个数字代表防水等级，数字越大，表示防护的能力越强。

三相异步电动机		
型号 Y132M4	功率 7.5kW	频率 50Hz
电压 380V	电流 15.4A	接法 △
转速 1440r/min	绝缘等级 B	工作方式 连续
年　　月　　日　　×××电机厂		

图 3-2　三相异步电动机铭牌举例

二、三相异步电动机的感应电动势

三相异步电动机气隙中的磁场旋转时，定子绕组切割该磁场，在定子绕组中将产生感应电动势。每相绕组的基波感应电动势公式可表示为 $E_1 = 4.44 f_1 N_1 K_{N1} \Phi_1$。式中，$\Phi_1$ 为旋转磁场每一极的磁通量；N_1 为定子每相绕组的匝数；f_1 为电源的频率；K_{N1} 为基波绕组因数，它反映了绕组采用分布及短距式后，基波电动势应打的折扣，一般此折扣为大于 0.9 且小于 1。虽然异步电动机绕组采用分布及短距式后，基波电动势有微小损失，但是可以使高次谐波电动势大大削弱，使电动势波形接近于正弦波，有利于电动机的正常运行。在电动机中，定子每相绕组端电压 U_1 近似与每相定子绕组中的感应电动势平衡。

三相异步电动机转子与定子旋转磁场转动不同步，所以，转子每相绕组中也将产生感应电动势，与定子每相绕组基波电动势 E_1 类似，其基波感应电动势公式为 $E_2 = 4.44 f_2 N_2 K_{N2} \Phi_1$。其中 f_2 为异步电动机工作时转子中电源频率，经推导，$f_2 = s f_1$。特殊时刻，当定子接通三相对称电源产生旋转磁场，而转子还没有起动的瞬间，由于此时 $s = 1$，则可知电动机起动瞬间，转子的每相基波感应电动势最大为 $E_{20} = 4.44 f_1 N_2 K_{N2} \Phi_1$。

第二节　三相异步电动机的运行分析

知识目标	➤了解三相异步电动机空载运行和负载运行中的电磁关系。 ➤理解转子回路中各物理量之间的变化关系。 ➤理解转子旋转磁通势与定子旋转磁场空间上相对静止的概念。
能力目标	➤理解空载运行和负载运行主磁路的路径特点。 ➤应用磁通势平衡方程式分析电动机的运行特性。

要点提示：

当三相异步电动机的定子三相绕组接通三相对称电源时，定子绕组中流过三相对称电流，产生磁通势，在气隙中建立旋转磁场。根据作用和路径的不同，可将该旋转磁场的磁通分为主磁通和漏磁通，二者分别形成不同的电磁关系。准确分析空载运行和负载运行时的电磁关系，是掌握电动机运行原理的关键，必须深入理解。

一、三相异步电动机的空载运行

三相异步电动机在运行时，转轴在不带任何机械负载的情况下，输出机械功率为零，称为空载运行。此时电磁关系相对简单一些，通过对于空载运行时电磁关系的分析，有利于帮助理解带负载时的电磁过程。为了便于分析，根据磁通路径和性质不同，异步电动机的磁通分为主磁通和漏磁通。空载运行的主、漏磁通的分布如图 3-3 所示。主磁通（Φ_1）同时交链定、转子绕组，其路径为：定子铁心→气隙→转子铁心→气隙→定子铁心。主磁通起传递能量的作用。除了主磁通以外的磁通称为漏磁通（$\Phi_{1\sigma}$），它包括槽漏磁通、端漏磁通和高次谐波磁通。漏磁通只起电抗压降作用。

异步电动机空载运行时的电磁关系分析如下：异步电动机空载运行时的定子电流称为空载电流。异步电动机空载电流由两部分组成，包括产生主磁通 Φ_1 的无功分量和用来供给铁心损耗的有功分量。由于无功分量远远大于有功分量，所以空载电流基本上为一个无功分量性质的电流。具体的电磁关系如图 3-4 所示。

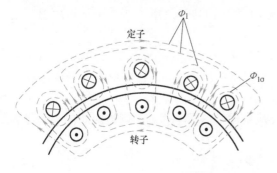

图 3-3　主磁通与漏磁通示意图

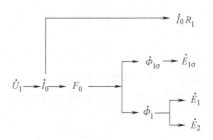

图 3-4　空载运行电磁关系图

根据基尔霍夫电压定律，异步电动机空载运行时也要满足电压平衡关系式，结合空载运行时的电磁关系，可列出空载时定子每相电压的平衡方程为

$$\dot{U}_1 - \dot{E}_1 - \dot{E}_{1\sigma} + \dot{I}_0 R_1 = -\dot{E}_1 + \dot{I}_0 R_1 + j\dot{I}_0 X_{1\sigma} = -\dot{E}_1 + Z_{1\sigma}\dot{I}_0 \tag{3-1}$$

式中，$\dot{U}_1$ 是加在电机定子绕组的相电压（V）；$\dot{E}_1$ 是主磁通在定子绕组上异步的电动势（V）；$Z_{1\sigma}$ 是定子绕组的每相漏阻抗（Ω）；$\dot{I}_0$ 是空载电流（A）。

由于空载电流和漏阻抗较小，异步电动机正常运行时，可近似认为，定子绕组每相电压 $\dot{U}_1$ 与定子绕组异步电动势 $\dot{E}_1$ 相等。

$$\dot{U}_1 \approx \dot{E}_1 = 4.44 f_1 N_1 K_{N1} \Phi_1 \tag{3-2}$$

通过以上分析，也说明了一个重要的概念，即在电源频率不变的情况下，对于异步电动机来说，其主磁通的大小与外加电压成正比。所以，当电源频率不变、外加电压不变时，主磁通基本上是常量，这一点在电动机负载运行时也成立。

二、三相异步电动机的负载运行

异步电动机运行时，转轴在拖动一定机械负载的情况下，输出机械功率不为零，称为负载运行。当异步电动机从空载到负载瞬间，由于转轴上机械负载转矩的突然增加，原空载时的电磁转矩无法平衡负载转矩，电动机开始降速，旋转磁场与转子之间的相对运动加大，转子电动势增加，转子电流和电磁转矩增加，当电磁转矩增加到与负载转矩和空载制动转矩相平衡时，电动机就以低于空载时的转速而稳定运行。可见当负载转矩改变时，转子转速 n 或转差率 s 随之变化，而 s 的变化引起了电动机内部许多物理量的变化。

1. 转子绕组感应电动势及电流的频率 f_2

电动机正常运行时，旋转磁场的转速为 n_1，转子转速为 n，旋转磁场的磁通 Φ 将以转速（n_1-n）去切割转子绕组，产生的感应电动势为 E_2，其频率为 f_2，即

$$f_2 = \frac{p_2(n_1-n)}{60} = \frac{n_1-n}{n_1} \cdot \frac{p_1 n_1}{60} = sf_1 \tag{3-3}$$

式中，p_2 为转子绕组极对数，p_1 为定子极对数，两者值相等。

此式表明：当转子转动时，转子绕组产生的感应电动势的频率 f_2 与转差率 s 成正比，显然当 s 很小时，f_2 也很小。电动机处于额定运行时，f_2 只有 $2\sim3\text{Hz}$。

2. 转子旋转时转子绕组的电动势 E_{2s}

先分析在电动机接通电源的瞬间，这种情况下转子处于静止状态，特点是转子的转速 $n=0$，则 $s=1$，旋转磁场的磁通 Φ 将以同步转速 n_1 去切割转子绕组，在转子绕组中感应出电动势为 E_{20}，其有效值为

$$E_{20} = 4.44 K_2 f_1 N_2 \Phi \tag{3-4}$$

式中，K_2 是转子绕组的绕组系数；N_2 为转子每相绕组的匝数（匝）；f_1 就是转子绕组在静止时感应电动势的频率（Hz）。

当转子转动时，由于在转子绕组中产生的感应电动势的频率为 f_2，则这时感应电动势为 E_{2s}，其有效值为

$$E_{2s} = 4.44 K_2 f_2 N_2 \Phi = sE_{20} \tag{3-5}$$

以上分析表明：转子电动势的大小与转差率成正比。当转子不动时，转子电动势最大；

当转子转动时，转子电动势随 s 的减小而减小。

3. 转子电抗 X_{2s}

转子旋转时每相绕组的电抗记为 X_{2s}，则有

$$X_{2s} = 2\pi f_2 L_2 = s X_{20} \tag{3-6}$$

式中，X_{20} 是转子静止时每相绕组的感抗，即 $X_{20} = 2\pi f_1 L_2$，此时转子电路频率 f_2 最大，为电源频率 f_1。上式表明：转子电抗的大小与转差率成正比。转子不动时电抗最大，转子转动时电抗随着 s 的减小而减小。

4. 转子电流 I_{2s}

当考虑转子绕组电阻 R_2 后，转子电流为

$$I_{2s} = \frac{E_{2s}}{\sqrt{R_2^2 + X_{2s}^2}} = \frac{s E_{20}}{\sqrt{R_2^2 + (s X_{20})^2}} \tag{3-7}$$

式中，R_2 是转子每相绕组的电阻值。

式 (3-7) 表明，转子电流随转差率 s 的增大而增大。当电动机起动瞬间，转子电流最大，当转子转动时，随着 s 的减小，转子电流也随之减小。

5. 转子的旋转磁通势 F_2

当异步电动机工作时，转子绕组由于其相数和极数都与定子绕组相同，定子旋转磁场在转子绕组中感应产生的电动势也是对称的三相电动势，因而电流也是对称的三相电流，因此与定子电流一样也要建立旋转磁通势，即建立一个相对转子本身是旋转的磁通势 F_2。由转子电流的频率 $f_2 = s f_1$，容易得出以下结论：转子旋转磁通势 F_2 的空间转速即相对定子的转速与定子旋转磁场的同步转速相等。可见，无论转子转速怎样变化，定、转子磁动势总是以同速、同向在空间旋转，两者在空间上总是保持相对静止，没有相对运动。这是三相交流异步电动机能正常运行的必备条件。

三、三相交流异步电动机负载运行时的基本平衡方程式

1. 磁动势平衡方程式

从前面的分析可知，当外加电压和频率不变时，主磁通近似为一常量。因此，空载时产生主磁通的磁通势 F_0 与负载时产生主磁通的合成磁通势 ($F_1 + F_2$) 应相等。负载时增加的磁通势用于抵消转子磁通势对空载磁通势的去磁作用，使主磁通基本不变，即

$$F_0 = F_1 + F_2 \qquad 或 \qquad F_1 = F_0 + (-F_2)$$

所以异步电动机就是通过磁通势平衡关系，使电路上无直接联系的定、转子电流有了关联，当负载转矩增加时，转速降低，转子电流增大，电磁转矩增大到与负载转矩平衡，同时定子电流增大，经过这一系列的自动调整后，电动机可进入新的平衡状态。

2. 电动势平衡方程式

根据基尔霍夫电压定律，异步电动机定子侧电动势平衡方程式为 $U_1 = -E_1 + I_1 Z_1$，也即是电动机定子电源电压与定子绕组感应电动势、定子电流在定子漏阻抗上产生的压降相平衡。同样，异步电动机转子侧电动势平衡方程式为：$U_{2s} = I_{2s} Z_{2s}$，也即是转子绕组感应电动势与转子感应电流在转子绕组电抗上的电压降相平衡。

用基本方程式可以分析和计算三相异步电动机的运行问题。当然，为了更方便地分析计

算电动机的运行特性，一般需建立三相异步电动机的等效电路模型。这就需要将转子电路进行频率折算和绕组折算，得到能准确反映异步电动机定、转子电路内在关系的等效电路模型，从而可以用比较方便的电路模型来分析异步电动机的运行问题。

<h2 style="text-align:center">第三节 三相异步电动机的功率和转矩</h2>

知识目标	➤理解电动机运行过程中的功率平衡关系。 ➤理解电动机稳定运行时转矩平衡关系。 ➤了解电动机的各类工作特性曲线。
能力目标	➤根据功率平衡关系，进一步理解电动机能量转换过程中的能量守恒。 ➤理解保证电动机稳定运行和提高电动机运行效率的方法。

要点提示：

依据能量守恒定律，三相异步电动机将电能转化为机械能的过程中，电源输入的电能与转轴上输出的机械能及这一过程中的各类损耗之和相平衡。为了提高电动机的效率，人们总希望尽量降低能量转换过程中的各类损耗。转矩平衡关系反映电动机的运行状态，驱动性质的电磁转矩与制动性质的负载转矩相平衡时，电动机才能以一定的转速稳定运行。当平衡关系不满足时，电动机处于不稳定状态，总要加速或减速，直到达到新的平衡状态。

一、三相异步电动机的功率转换平衡方程式

三相异步电动机工作时将从三相交流电源获得的电能转换为机械能并从转轴上输出，这要满足能量守恒定律，也即是三相电源输入的电功率 P_1 要与转轴上输出的机械功率 P_2 以及在这一过程中的各类损耗之和相平衡。三相异步电动机从 P_1 到 P_2 的过程其实就是一个扣除损耗的过程，具体过程如图 3-5 所示。

三相异步电动机从电源获得的输入功率 $P_1 = 3U_1I_1\cos\Phi_1$，式中的电压、电流为定子绕组的相电压和相电流。在输入功率中有小部分功率供给定子铜耗 P_{Cu1} 和铁耗 P_{Fe}，余下的大部分功率通过旋转磁场的电磁作用经过气隙传送到转子，这部分功率为电磁功率 P_{em}，也即 $P_{em} = P_1 - P_{Cu1} - P_{Fe}$。当然，电磁功率 P_{em} 还不是轴上输出的机械功率 P_2。传送到转子的电磁功率还有一小部分将消耗在转子上，即转子铜耗 P_{Cu2}。另外，异步电动机运行时还要克

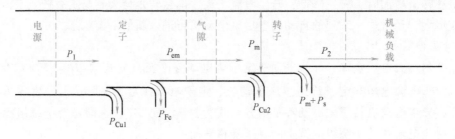

图 3-5 三相异步电动机功率流程图

服务类摩擦带来的机械损耗 P_m 以及因高次谐波引起的附加损耗 P_s。所以，电动机轴上输出的机械功率 P_2 为：$P_2 = P_{em} - P_{Cu2} - P_m - P_s$。

二、转矩平衡方程式

三相异步电动机稳定运行，即转速恒定时，拖动性质的电磁转矩与制动性质的负载转矩和空载转矩相平衡，也就是此时拖动性质的转矩与制动性质的转矩大小相等且方向相反。平衡时的转矩方程式为

$$T = T_0 + T_2 \qquad \text{或} \qquad T_2 = T - T_0 \tag{3-8}$$

式（3-8）中，T 为电动机的电磁转矩，一般为拖动性质；T_0 为电动机的空载转矩；T_2 为电动机的输出机械转矩，与电动机的负载转矩 T_L 相平衡。T_L 和 T_0 为制动性质，它们与驱动性质的电磁转矩 T 方向相反，只有满足转矩平衡关系时，电动机才能以一定的转速稳定运行。当稳定状态被打破后，电动机将进入过渡过程，电动机或者加速或者降速，直到达到新的平衡状态，并在新的转速稳定运行。

三、三相异步电动机的工作特性曲线

三相异步电动机的工作特性曲线是指定子绕组在额定电压和额定频率下，电动机的转速 n、定子电流 I_1、电磁转矩 T、功率因数 $\cos\varphi_1$、效率 η 与输出功率 P_2 的关系曲线。这些关系曲线可以通过实验的方法直接使异步电动机带负载测得，也可以由等效电路经计算得出。异步电动机的工作特性曲线如图3-6所示。

分析研究电动机的工作特性曲线，对于深入理解电动机的工作性质，更好地选择和使用电动机具有重要的意义。

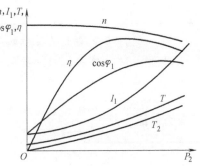

图 3-6 异步电动机工作特性曲线

1. 转速特性

转速特性是电动机转速与输出功率之间的关系曲线，即 $n = f(P_2)$。三相异步电动机空载时 $P_2 = 0$，转子的转速 n 接近于同步转速 n_1，随着负载的增大，即输出功率增大时，转速要降低，此时转子产生更大的异步电动势，转子电流增大，以产生更大的电磁转矩与负载转矩平衡。所以，三相异步电动机的转速特性是一条略微向下倾斜的曲线，具有较硬的特性。

2. 定子电流特性

定子电流特性是电动机定子电流与输出功率之间的关系曲线，即 $I_1 = f(P_2)$。三相异步电动机空载时 $P_2 = 0$，转子电流 I_2 很小，定子电流 $I_1 = I_0$，随着负载的增大，转速下降，转子电流增大，为补偿转子磁通势的增大，定子电流将随着 P_2 的增大而增大，在正常工作范围内，$I_1 = f(P_2)$ 近似为一条直线。

3. 功率因数特性

功率因数特性是电动机的功率因数与输出功率之间的关系曲线，即 $\cos\varphi_1 = f(P_2)$。三相异步电动机空载时 $P_2 = 0$，功率因数很低，随着负载的增加，功率因数逐渐提高，接近额定负载时达到最高。超过额定负载时，随着负载增加，功率因数趋于下降。

---

4. 转矩特性

转矩特性是电动机的电磁转矩与输出功率之间的关系曲线，即 $T=f(P_2)$。三相异步电动机空载时 $P_2=0$，电磁转矩 T 等于空载转矩 T_0。随着负载增加，如 n 不变，则 T_2 等比例增加。由转速特性可知，负载增加时转速略有下降，则随负载增加，T_2 特性曲线为略微向上偏离的直线。由于 $T=T_0+T_2$，所以 $T=f(P_2)$ 的特性曲线为一条 $T_2=f(P_2)$ 向上平移 T_0 数值的曲线。

5. 效率特性

效率特性是电动机的电磁转矩与输出功率之间的关系曲线，即 $\eta=f(P_2)$。三相异步电动机空载时 $P_2=0$，此时 η 为零。当负载增加时，效率迅速增加，当可变损耗和不变损耗相等时，效率达到最高。当负载继续增加时，效率开始下降。

由上述分析可知，功率因数特性曲线和效率特性曲线都是在额定负载附近达到最高，因此选用三相异步电动机时，应注意考虑额定功率与额定负载的匹配。如额定功率选得过小，电动机长期过载运行，会降低使用寿命；如额定功率选得过大，则功率因数和效率较低，浪费资源。

第四节　三相异步电动机的电磁转矩和机械特性

知识目标	➢了解电磁转矩的三种表达式及主要应用场合。 ➢掌握三相异步电动机的机械特性。 ➢理解三相异步电动机稳定运行区域。
能力目标	➢会根据电磁转矩实用表达式，结合产品目录参数，计算电磁转矩。 ➢根据机械特性，分析选择电动机的稳定运行区间。

要点提示：

电磁转矩是电动机能够运转的原动力，分析其物理意义时，使用物理表达式很方便，概念清晰，但很难定量计算。需要定量计算时，可以使用参数表达式，同时也可以使用参数表达式绘制异步电动机的机械特性。虽然参数表达式在分析电磁转矩与电动机参数间的关系与进行某些理论分析时非常有用，但在工程中，计算电磁转矩一般使用实用表达式，若再结合电动机的机械特性，则可以准确理解电动机的稳定运行区间，对于电动机的维护运行及选用具有重要的意义。

一、三相异步电动机的电磁转矩

电动机的作用是把电能转化为机械能，电动机的转子转动是转子受到了电磁转矩的作用，因此电磁转矩的大小势必影响电动机的起动以及带负载的能力，那么电磁转矩的大小又与什么有关呢？

1. 电磁转矩的物理表达式

电磁转矩是由于转子绕组中的电流 I_2 与旋转磁场每极下的主磁通 Φ 共同作用产生的，

可以说电磁转矩大小与电流 I_2 和旋转磁场每极下的主磁通 Φ 成正比，但值得注意的是转子电路是一个交流电路，有电阻也有电感，因此转子电流 I_2 起作用的部分应是有功分量即 $I_2'\cos\varphi_2$。如果电磁转矩用符号"T"表示，电磁转矩物理表达式可写为

$$T = C_T \Phi I_2' \cos\varphi_2 \tag{3-9}$$

式中，C_T 是比例系数，与电动机结构有关。

2. 电磁转矩的参数表达式

电磁转矩的物理表达式较难看出电磁转矩与外接电源以及转差率的关系，利用三相异步电动机的等效电路模型以及转差率 s 与转子回路各变量的关系可以得出电磁转矩的参数表达式为

$$T = K_T' \frac{U_1^2}{f_1} \cdot \frac{sR_2}{R_2^2 + (sX_{20})^2} \tag{3-10}$$

式中，K_T' 是常数。

从式（3-10）中可以看出，电磁转矩的 T 与外接电源的相电压 U_1 的二次方成正比。因此，电源电压对电磁转矩影响是很大的，一旦电源电压产生波动，例如若电源电压下降为原来的 90%，电磁转矩将下降到原来的 81%，这时的电动机很可能由正常运转变为不正常运转了。

3. 实用表达式

在实际中用参数表达式计算 T，需电动机的内部参数，比较麻烦。在电动机手册和产品目录中往往只给出额定功率、额定转速和过载能力等参数，而不给出电动机的内部参数。因此根据实际需要（推导过程从略），电磁转矩的实用表达式为

$$T = \frac{2T_m}{\dfrac{s_m}{s} + \dfrac{s}{s_m}} \tag{3-11}$$

式中

$$s_m = s_N(\lambda_m + \sqrt{\lambda_m^2 - 1}) \tag{3-12}$$

$$T_m = \lambda_m T_N = 9.55\lambda_m P_N/n_N \tag{3-13}$$

实际使用时，先根据已知数据计算出 T_m（最大转矩，也称临界转矩）和 s_m（临界转差率），再把它们代入实用表达式，取不同的 s 值即可得到不同的 T 值了。

以上三种异步电动机的电磁转矩表达式，应用场合有所不同。一般物理表达式适用于定性分析 T 与每极下的主磁通 Φ、转子电流有功分量 $I_2'\cos\varphi_2$ 间的关系；参数表达式可分析参数的变化对电动机运行性能的影响；实用表达式适用于工程计算和绘制电动机的机械特性。

二、三相异步电动机的机械特性

上述电磁转矩的计算公式分析起来不够直观，因此常常画成图的形式进行分析。由于上述公式中变量太多，我们可假定电源电压 U_1 一定，且 R_2、X_{20} 都是常量，这样电磁转矩 T

只随转差率 s 而变化，电磁转矩 T 是转差率 s 的函数，可写为 $T=f(s)$。以 T 为纵坐标，s 为横坐标，其曲线如图 3-7 所示。该曲线称之为异步电动机的电磁转矩曲线，反映了电磁转矩 T 与转差率 s 之间的关系，实际工作中，常将它换成电磁转矩 T 与电动机的转速 n 之间的关系，即 $n=f(T)$。对于转差率 s 与电动机的转速 n 之间的关系，有 $s=1$ 时，$n=0$；$s=0$ 时，$n=n_1$。因此，只要把 $T=f(s)$ 曲线连同两根坐标轴顺时针方向转 90°，再把 T 轴从 $s=0$ 处平移到 $s=1$ 处作为横轴，s 轴作为纵轴即可，如图 3-8 所示，该曲线称之为机械特性曲线。当然，上述两根曲线实质上是一样的，只是表示形式不同。

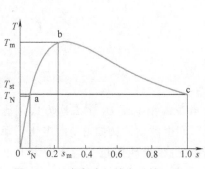

图 3-7 异步电动机的电磁转矩曲线

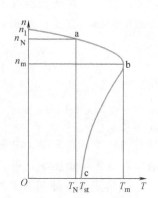

图 3-8 异步电动机的机械特性曲线

从图 3-8 可以看出，有三个重要的电磁转矩，一个是对应额定转速 n_N 的转矩，称为额定转矩记为 T_N；第二个是最大转矩，记为 T_m，也叫临界转矩；第三个是对应转速为 0 时的转矩，称为起动转矩记为 T_{st}。

1. 额定转矩 T_N

额定转矩 T_N 是指电动机处于额定状态，即输出功率、转速和转差率都是额定值时电动机在带动转轴上额定机械负载时产生的转矩，其单位为牛·米（N·m）。输出功率是指电动机转轴上输出的机械功率，单位为千瓦（kW），用 P 来表示；转速是电动机转速，单位为转/分（r/min），用 n 表示；转差率用 s 表示。电动机额定运行时输出功率、转速和转差率分别用 P_N、n_N 和 s_N 表示。其工作状态处于图 3-8 中曲线的 a 点。一般电动机铭牌都标出 P_N、n_N，额定转矩 T_N 可用常用公式 $T_N=9.55P_N/n_N$ 计算。当电动机的输出功率一定时，额定转矩和转速成反比，即电动机磁极对数越多，其转速越低，额定转矩越大。

2. 最大转矩 T_m

最大转矩 T_m 是指三相异步电动机产生的最大电磁转矩，也称临界转矩。如图 3-8 所示曲线上的 b 点，它所对应的转速为 n_m、转差率为 s_m，分别称之为临界转速和临界转差率。

3. 起动转矩 T_{st}

起动转矩是指在电动机接通电源时瞬间电动机的电磁转矩，这时 $n=0$，$s=1$。将 $s=1$ 代入参数表达式，可得出

$$T_{st}=K_T'\frac{R_2U_1^2}{R_2^2+X_{20}^2} \tag{3-14}$$

分析式（3-14）可知，当 R_2 和 X_{20} 一定时，T_{st} 随 U_1 的减少而减少。在起动时，起动转矩 T_{st} 必须大于电动机静止时的负载转矩 T_2 才能起动，起动转矩 T_{st} 越大，起动越快，起动时间越短。用 λ_s 表示电动机起动能力，即

$$\lambda_s = \frac{T_{st}}{T_N} \tag{3-15}$$

一般三相笼型异步电动机的 λ_s 约为 $0.8 \sim 2.0$。因此起动转矩 T_{st} 能反映出电动机带负载的能力。

三、电动机的稳定运行区间分析

如图 3-9 所示，当电动机接通电源后，只要起动转矩 T_{st} 大于电动机轴上的负载转矩 T_2，转子就会转动起来，由图可知，电动机从 c 点开始沿 cb 段加速运行，因 cb 段的电磁转矩 T 随着转速 n 的升高不断增大，转速也不断增大。但越过 b 点后，电磁转矩 T 随着转速 n 的升高而减少，直到 a 点，电动机产生的电磁转矩和负载转矩达到平衡，电动机就以速度 n_a 稳定运行了。但如果在运行当中，负载转矩发生变化，如增大或减少，那么电动机还能稳定运行吗？这要通过下面三种情况分析。

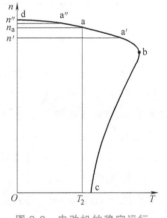

图 3-9　电动机的稳定运行

1. 负载转矩增大

因某种原因使负载转矩增大，即 $T_2' > T$，电动机会沿着特性曲线的 ab 段减速，电磁转矩随着转速 n 的下降而增加，当转速下降到 n' 时，$T_2' = T$，达到新的平衡，电动机就会在转速 n' 上稳定运行，达到了一个新的稳态。

2. 负载转矩减少

因某种原因使负载转矩减少，即 $T_2'' < T_2$，电动机会沿着特性曲线的 ad 段加速，电磁转矩随着转速 n 的增加而减少，当转速升到到 n'' 时，$T_2'' = T$，达到新的平衡，电动机就会在转速 n'' 上稳定运行，达到了一个新的稳态。

上述两种情况，是电动机运行在 db 段内，当负载转矩发生变化时，如增大或者减少，电动机都能自动调节电磁转矩适应负载转矩发生的变化，而保持稳定运行状态。因此，db 段可称为稳定运行区。在机械特性的 db 段内，即使有较大负载转矩的变化，对应的转速变化会比较小，可称该电动机有硬的机械特性。显然，机械特性越硬越好，因为这种硬的机械特性在负载转矩有变化时，转速变化会很小。

3. 负载转矩增大到 $T_2 > T_m$

当 $T_2 > T_m$ 时，电动机将越过 b 点而沿着 bc 段运行，电磁转矩随着转速 n 的下降而减少，电磁转矩 T 的减少又进一步使 n 下降，最后电动机停转。在此段内电动机不能稳定运行，所以 bc 段可称为不稳定运行区。如果处于这一区间，电动机会停转，但其定子绕组仍接在电源上，这时转子和定子绕组的电流剧增，若不及时切除电源，将使电动机过热而烧毁。

第五节　三相笼型异步电动机的直接起动及其控制电路

知识目标	➤了解三相笼型异步电动机直接起动的条件。 ➤掌握自锁、互锁等概念以及实现方法。 ➤掌握机械互锁和电气互锁的概念以及实现方法。 ➤掌握过载、短路、欠电压、失电压（零电压）保护等概念以及实现方法。 ➤掌握限位保护的概念以及实现方法。
能力目标	➤能正确分析单向旋转电路和可逆旋转电路的工作原理。 ➤能正确对单向旋转电路和可逆旋转电路的电气故障进行分析和判断，并排除其故障。

要点提示：

　　自锁电路的出现使电动机的连续运行得以实现，是实现电气自动化的前提。互锁的实质是相互制约的逻辑关系，除可以使设备的操作更方便外，还能起到保护作用，是实现电动机可逆旋转控制的前提。在电力拖动系统中使用电动机可逆旋转来拖动生产设备往返运动是十分常见的。但在运动行程较短的情况下，使用较多得却是电动机单向旋转，通过机械机构或液压系统实现运动部件的往返运动。

　　三相笼型异步电动机在生产实际中被广泛应用，它具有结构简单、价格低廉、坚固耐用和使用维护方便等一系列优点，它的控制电路大多由继电器、接触器和按钮等有触头电器组成。其起动控制有直接起动和减压起动两种方式。在变压器容量允许的情况下，三相笼型异步电动机应尽可能采用全电压直接起动，这样控制电路较简单，一方面可以提高控制电路的可靠性，另一方面也可减小电气维修工作量。

一、单向旋转直接起动及其控制电路

　　图 3-10 所示是三相笼型异步电动机起动时的机械特性，从图中可以看出，电动机定子绕组加正向（正相序）电压时，从 A 点开始起动，沿机械特性曲线逐渐加速至 B 点时，电动机拖动力矩与其所拖动的负载力矩（T_L）相等，电动机稳定运行在 B 点。

　　如果给三相笼型异步电动机的定子绕组加反向（反相序）电压，则电动机反向起动并运行。因此，三相笼型异步电动机单向旋转直接起动只需要给电动机加合适相序的电压即可。

　　图 3-11 所示为三相笼型异步电动机直接起动单方向旋转控制电路。电源开关 QS、熔断器 FU1、交流接触器 KM 的主触头、热继电器 FR 的热元件与电动机 M 构成主电路。

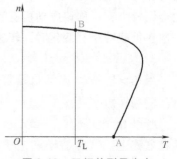

图 3-10　三相笼型异步电动机的起动机械特性

起动按钮 SB1、停止按钮 SB2、交流接触器 KM 的线圈及其常开辅助触头、热继电器 FR 的常闭触头和熔断器 FU2 构成控制电路。

1. 控制电路的工作原理

当电动机 M 需要起动时，先合上电源开关 QS，引入三相电源，此时电动机 M 尚未接通电源。按下起动按钮 SB1，交流接触器 KM 的线圈得电，使衔铁吸合，同时带动接触器 KM 的三对主触头闭合，电动机 M 便接通电源直接起动运转。与此同时与 SB1 并联的接触器常开辅助触头 KM 闭合，使接触器 KM 的线圈经两条路径通电。这样，当松开按钮 SB1 时，按钮在复位弹簧的作用下恢复断开，接触器 KM 的线

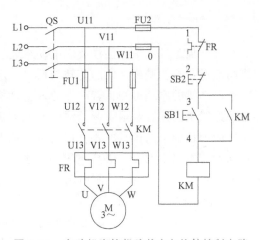

图 3-11　电动机直接起动单方向旋转控制电路

圈仍可通过 KM 常开辅助触头通电，从而保持电动机的连续运行。像这种当松开起动按钮 SB1 后，接触器 KM 通过其常开辅助触头而使线圈保持通电的作用称为自锁，与起动按钮 SB1 并联起自锁作用的常开辅助触头叫自锁触头。

要使电动机 M 停止运转，只需按下停止按钮 SB2，将控制电路（即接触器线圈电路）切断，这时接触器 KM 断电释放，KM 的三相常开主触头恢复断开，切断三相电源，电动机 M 停止运转。当松开按钮后，SB2 的常闭触头在复位弹簧作用下，虽又恢复到原来的常闭状态，但此时接触器的自锁触头在线圈失电后也已恢复断开，所以不再提供通电路径，即接触器线圈已不再能依靠自锁触头通电。

2. 电路的保护环节

（1）短路保护　熔断器 FU 作为电路的短路保护。

（2）过载保护　热继电器 FR 作为电路的过载保护。

（3）欠电压保护　"欠电压"是指电路电压低于电动机应加的额定电压，欠电压保护是指当电路电压下降到某一数值时，电动机能自动脱离电源停转，避免电动机在电压不足的状态下运行而损坏。接触器自锁控制电路即可避免电动机欠电压运行。因为当电路电压下降到一定值（一般指低于额定电压 85% 以下）时，接触器线圈两端的电压也同样下降到此值，从而使接触器线圈磁通减弱，产生的电磁吸力减小。当电磁吸力减小到小于反作用弹簧的拉力时，衔铁被迫释放，主触头、自锁触头同时断开，自动分断主电路和控制电路，电动机失电停转，达到了欠电压保护的目的。

（4）失电压（也叫零电压）保护　失电压保护是指电动机在正常运行中，由于外力某种原因引起突然断电时，能自动切断电动机电源，而当重新供电时保证电动机不会自行起动的一种保护。接触器自锁控制电路可实现失电压保护。因为接触器自锁触头和主触头在电源断电时已经断开，使控制电路和主电路都不能接通，所以在电源恢复供电时，电动机就不会自行起动运转，保证了人身和设备的安全。

控制电路具备欠、失电压保护能力以后，有以下三个方面的优点：第一，防止电源电压严重下降时电动机低压运行；第二，避免电动机同时起动而造成电源电压的严重下降；第三，防止电源电压恢复时，电动机突然起动运转造成设备和人身事故。

二、可逆旋转控制电路

在生产加工过程中，往往要求电动机能够实现可逆运行，即正、反转，如机床工作台的前进与后退；万能铣床主轴的正转与反转；起重机的上升与下降等。

由电动机的原理可知，若改变通入电动机定子绕组的三相电源相序，即把接入电动机三相电源进线中的任意两根对调接线时，电动机就可以反转。所以可逆运行控制电路实质上是两个方向相反的单向运行电路，但为了避免误动作引起电源相间短路，又在这两个相反方向的单向运行电路中加设了必要的联锁。按照电动机可逆运行操作顺序的不同，有"正-停-反"和"正-反-停"两种控制电路。

1. 电动机"正-停-反"控制电路

电动机"正-停-反"控制电路指的是电动机改变运行方向时，必须首先按下停止按钮，然后再按反向起动按钮。接触器联锁的正反转控制电路便是电动机"正-停-反"控制电路，如图 3-12 所示。电路中采用两个接触器，即正转用的 KM1 和反转用的 KM2。它们分别由正转按钮 SB1 和反转按钮 SB2 控制。从主电路中可以看出，这两个接触器的主触头所接通的电源相序不同，KM1 按 L1-L2-L3 相序接线。KM2 则按 L3-L2-L1 相序接线，对调了两相的相序。必须指出，接触器 KM1 和 KM2 的主触头绝对不允许同时闭合，否则将造成两相电源（L1 相和 L3 相）短路事故。为了保证一个接触器得电动作时，另一个接触器不能得电动作，在正转控制电路中串联了反转接触器 KM2 的常闭辅助触头，而在反转控制电路中串联了正转接触器 KM1 的常闭辅助触头，利用两个接触器的常闭辅助触头 KM1、KM2 起相互控制作用，即一个接触器通电时，利用其常闭辅助触头的断开来锁住对方线圈的电路。这种利用两个接触器的常闭辅助触头互相控制的方法称为联锁（或互锁），而两对实现联锁作用的常闭辅助触头称为联锁触头（或互锁触头）。利用电器常闭触头实现的联锁（或互锁）称为电气联锁（或互锁）。

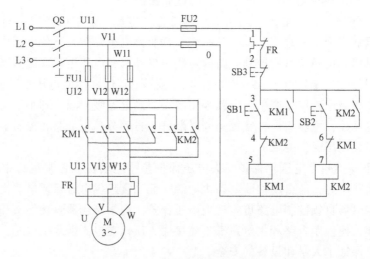

图 3-12　接触器联锁的正反转控制电路

电路工作时，先合上电源开关 QS。电动机正转时，先按下按钮 SB1，接触器 KM1 线圈得电，根据接触器触头的动作顺序可知，其常闭辅助触头先断开，切断 KM2 线圈电路，起到联锁作用，然后 KM1 自锁触头闭合，同时 KM1 主触头闭合，电动机 M 起动正转运行。若想反转时，必须先按下停止按钮 SB3，使 KM1 线圈失电，KM1 的常开主触头断开，电动机 M 停转，KM1 的常开辅助触头断开，解除自锁；KM1 的常闭辅助触头恢复闭合，解除对 KM2 的联锁。然后再按下起动按钮 SB2，KM2 线圈得电，KM2 的常闭辅助触头断开对 KM1 联锁，KM2 的常开主触头闭合，电动机 M 起动反转运行，KM2 的常开辅助触头闭合自锁。需要停止时，按下停止按钮 SB3，控制电路失电，KM1（或 KM2）主触头断开，电动机 M 停转。

从以上分析可知，该种接触器联锁正反转控制电路存在明显缺点，即电动机改变转向时，必须先按下停止按钮后，才能按反转起动按钮。为克服电路的不足，可采用电动的"正-反-停"控制电路。

2. 电动机"正-反-停"控制电路

电动机"正-反-停"控制电路有两种典型电路。

（1）按钮联锁的正反转控制电路 图 3-13 所示为按钮联锁的正反转控制电路。这种控制电路的工作原理与接触器联锁的正反转控制电路的工作原理基本相同，只是把接触器的常闭联锁触头换成了复合按钮的常闭触头，这种电路可直接按下反转按钮 SB2 实现电动机从正转改变为反转，不必先按下停止按钮 SB3。由按钮实现的联锁（或互锁）称为机械联锁（或互锁）。

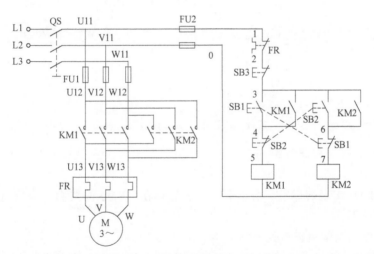

图 3-13 按钮联锁的正反转控制电路

当按下反转按钮 SB2 时，串联在正转控制电路中 SB2 的常闭触头先断开，使正转接触 KM1 线圈失电，KM1 的主触头和自锁触头断开，电动机 M 停转。SB2 的常闭触头断开后，其常开触头才闭合，接通反转控制电路，电动机 M 反转。这样既保证了接触器 KM1 和 KM2 的线圈不会同时得电，又可不按停止按钮而直接按反转按钮实现反转。同样，若使电动机从反转运行变为正转运行时，只要直接按下正转按钮 SB1 即可。

这种电路虽然操作方便，但是容易产生电源两相短路故障。如当正转接触器 KM1 发生熔焊故障时，即使断开接触器线圈电路，主触头也不能断开，这时，若再直接按下反转按钮 SB2，KM2 线圈得电，触头动作，必然造成电源两相短路。因此，为了安全可靠，在实际工作中，经常采用按钮、接触器双重联锁的正反转控制电路。

（2）按钮、接触器双重联锁的正反转控制电路　图 3-14 所示为按钮、接触器双重联锁的正反转控制电路。这种电路中既有接触器的联锁（电气联锁），又有按钮的联锁（机械联锁），因此保证了电路可靠地工作，在电力拖动系统中被广泛采用。

电路工作时，先合上电源开关 QS。正转时，先按下起动按钮 SB1，SB1 的常闭触头先断开，对 KM2 联锁（切断反转控制电路）；SB1 的常开触头后闭合，使 KM1 线圈得电，KM1 的常闭辅助触头先分断，再次对 KM2 联锁（此时实现双重联锁），KM1 的主触头和常开辅助触头后同时闭合，电动机 M 起动并正转运行。若想反转时，直接按下起动按钮 SB2，SB2 的常闭触头先分断，对 KM1 联锁，KM1 线圈断电，KM1 主触头断开，电动机 M 停转，KM1 联锁触头恢复闭合，为 KM2 线圈得电做好准备；SB2 的常开触头后闭合，KM2 线圈得电，电动机起动并反转运行。

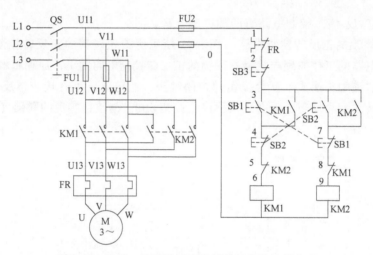

图 3-14　按钮、接触器双重联锁的正反转控制电路

需要停止时，按下停止按钮 SB3，整个控制电路失电，主触头断开，电动机 M 停止正转或反转。

该电路当 KM1 出现熔焊时，由于电气联锁的存在，KM2 的线圈不会得电，可避免出现短路故障。

3. 位置控制与自动往返行程控制电路

在生产实践中，有些生产机械的工作台需要限位（位置）控制或者自动往返运动，如摇臂钻床、万能铣床、龙门刨床和导轨磨床等。实现这种控制要求所依靠的主要电器是行程开关。

（1）位置控制（或限位控制）电路　图 3-15 所示是位置控制电路。它是以行程开关作控制电器来控制电动机的自动停止。在正转接触器 KM1 的线圈电路中，串联正向行程开关 ST1 的常闭触头，在反转接触器 KM2 的线圈电路中，串联反向行程开关 ST2 的常闭触头，这便成为具有自动停止功能的正反转控制电路。这类电路常用作机床设备的行程极限保护及桥式起重机的行程保护等。它的工作原理是：当按下起动按钮 SB1后，接触器 KM1 线圈得电并自锁，电动机正转，拖动运动部件做相应的移动，当位移至规定位置（或极限位置）时，安装在运动部件上的挡铁（撞块）便压下行程开关 ST1，切断

KM1 线圈电路，KM1 断电，电动机停转，这时即使再按下 SB1，KM1 也不会闭合。按下反转起动按钮 SB2，电动机反转，使运动部件退回，挡铁脱离行程开关 ST1，其常闭触头复位，为下次正向起动做准备。反向自动停止的控制原理与正向相同。

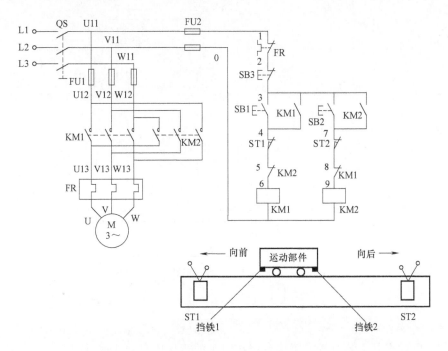

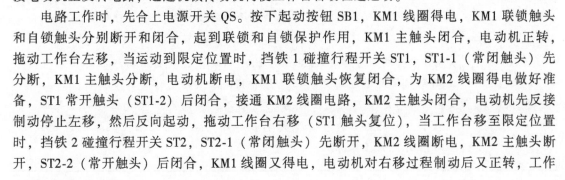

图 3-15　位置控制电路

（2）自动往返行程控制电路　在位置控制电路的基础上，将行程开关 ST1 的常开触头并联在反转起动按钮 SB2 的两端，将 ST2 的常开触头并联在正转起动按钮 SB1 的两端，便成为如图 3-16 所示的自动往返行程控制电路了。它的右下角是工作台自动往返运动的示意图。为了使电动机的正反转控制与工作台的左右运动相配合，在控制电路中设置了四个行程开关，即 ST1、ST2、ST3 和 ST4，并把它们安装在合适的地方。其中 ST1 和 ST2 被用来自动换接电动机正反转控制电路，实现工作台的自动往返行程控制；ST3 和 ST4 被用来作终端保护，以防止 ST1 和 ST2 失灵使工作台越过限定位置而造成事故。在工作台的 T 形槽中装有两块挡铁，挡铁 1 只能与 ST1 和 ST3 相碰撞，挡铁 2 只能与 ST2 和 ST4 相碰撞。当工作台运动到需要位置时，挡铁碰撞行程开关使其触头动作，自动换接电动机正反转电路，通过机械传动机构使工作台自动往返运动。

电路工作时，先合上电源开关 QS。按下起动按钮 SB1，KM1 线圈得电，KM1 联锁触头和自锁触头分别断开和闭合，起到联锁和自锁保护作用，KM1 主触头闭合，电动机正转，拖动工作台左移，当运动到限定位置时，挡铁 1 碰撞行程开关 ST1，ST1-1（常闭触头）先分断，KM1 主触头分断，电动机断电，KM1 联锁触头恢复闭合，为 KM2 线圈得电做好准备，ST1 常开触头（ST1-2）后闭合，接通 KM2 线圈电路，KM2 主触头闭合，电动机先反接制动停止左移，然后反向起动，拖动工作台右移（ST1 触头复位），当工作台移至限定位置时，挡铁 2 碰撞行程开关 ST2，ST2-1（常闭触头）先断开，KM2 线圈断电，KM2 主触头断开，ST2-2（常开触头）后闭合，KM1 线圈又得电，电动机对右移过程制动后又正转，工作

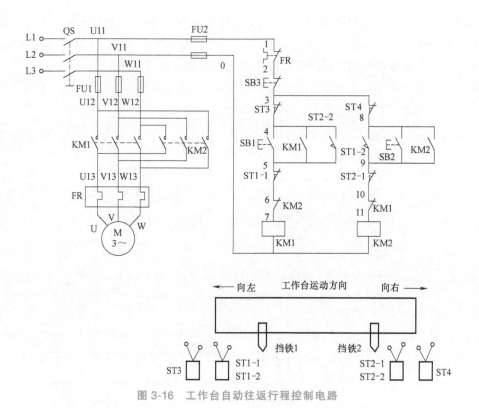

图 3-16 工作台自动往返行程控制电路

台又左移……以后重复上述过程，工作台就在限定的行程内自动往返运动。

停止时，按下停止按钮 SB3，整个控制电路失电，KM1（或 KM2）主触头断开，电动机 M 停转，工作台停止运动。

第六节 三相笼型异步电动机的减压起动控制电路

知识目标	➤了解三相笼型异步电动机减压起动的必要条件。 ➤掌握定子串联电阻减压起动与定子串联电抗减压起动的不同点。 ➤掌握定子串联电阻（电抗）起动、自耦变压器减压起动、星形-三角形转换及延边三角形-三角形转换减压起动的特点和适应场合。 ➤掌握定子串联电阻（电抗）减压起动、自耦变压器减压起动、星形-三角形转换及延边三角形-三角形转换减压起动的电路的工作原理。
能力目标	➤能正确分析定子串联电阻（电抗）起动、自耦变压器减压起动、星形-三角形转换及延边三角形-三角形转换减压起动电路的工作原理。 ➤能正确对定子串联电阻（电抗）起动、自耦变压器减压起动、星形-三角形转换及延边三角形-三角形转换减压起动电路的电气故障进行分析和判断，并排除其故障。

要点提示：

　　电动机的容量相对于变压器的容量较大时，为避免电动机起动电流造成电网电压的过分降低，就要采用减压起动方式，常用的有定子串联电阻（电抗）起动、自耦变压器减压起动、星形-三角形转换及延边三角形-三角形转换减压起动几种方式。定子串联电阻和电抗都可以达到减压的目的，定子串联电阻时要消耗有功功率，电阻会发热；定子串联电抗时由于消耗的是无功功率，所以电抗不发热（理想状态下），更符合现在节能环保的理念，但这种方法投资较大，对频繁起制动的电动机更为合适。由于所使用的电阻要承受较大的起动电流，所以电阻的功率较大，为绕线电阻。电阻和电抗都需要较大的安装空间，同时由于电阻的发热，其安装时要远离对温度敏感的器件。自耦变压器减压起动方法适用于起动容量较大（14~300kW），正常工作时绕组接成星形或三角形联结的电动机，起动转矩可以通过改变抽头的连接位置得到改变。它的缺点是自耦变压器价格较贵，而且不允许频繁起动。星形-三角形转换减压起动成本低、电路简单，但起动转矩较小，因此这种起动方法仅适用于正常运行时定子绕组是三角形联结、空载或轻载状态的电动机。三相笼型异步电动机采用延边三角形-三角形转换减压起动，比采用自耦变压器减压起动结构简单，克服了后者不允许频繁起动的缺点。与星形-三角形转换减压起动方法相比，提高了起动转矩，并且还可以在一定范围内选择，但电动机必须具有满足要求的定子结构，符合这个要求的也只有 J03 系列三相笼型异步电动机。

　　三相笼型异步电动机采用全电压直接起动时，控制电路简单。但并不是所有三相笼型异步电动机在任何情况下都可以采用全压直接起动的，由电动机的原理可知，三相笼型异步电动机直接起动时，起动电流大约是电动机额定电流的 4~7 倍。在电源变压器容量不够大的情况下，会导致变压器二次电压大幅度下降，这样不但会减小电动机本身的起动转矩，甚至会造成电动机根本无法起动，同时还会影响同一供电网络中其他设备的正常工作。

　　通常情况下，容量超过 10kW 的三相笼型异步电动机，当为电动机供电的变压器容量不足够大时［编者主张按水利电力出版社出版的设计手册中的经验公式判断，即当 $S_N < 5P_N$ 时要进行减压起动，S_N 为变压器的额定容量，P_N 为电动机的额定功率；目前国内大部分相关书籍，都按 $4\ (I_{st}/I_N) < 3 + S_N/P_N$ 的经验公式判断，式中 I_{st} 为电动机全压直接起动时的电流，I_N 为电动机的额定电流，按起动电流大约是电动机额定电流的 4~7 倍计算，$S_N < (13~25)\,P_N$，显然与 $S_N < 5\,P_N$ 有很大的差距，现在电网导线往往有较大的裕度，按 $S_N < 5\,P_N$ 估算即可，一般都采用减压起动的方式来起动，即起动时降低加在电动机定子绕组上的电压，起动后再将电压恢复到额定值，使电动机在正常电压下运行。因转子电流和电压成正比，所以在降低电压的同时便可减小起动电流，不致在电网中产生过大的电压降，减小了对电网电压的影响。

一、减压起动时的机械特性

　　图 3-17 所示是三相笼型异步电动机减压起动时的机械特性，其中曲线 1 是固有机械特性，曲线 2、3 是减压起动时的机械特性。固有特性有三个特殊点，即起动点 A、临界点 B（具有最大转矩）和同步点 C。因转矩与定子绕组电压二次方成正比，故在降低定子绕组电压时，起动点左移；同样，临界点也向左平移（临界点的转差率不变、转矩正比与定子电

压的二次方）；而同步点不变。三相笼型异步电动机在减压起动时，起动电流和起动电压成同样比例降低，如电压是额定电压的 80% 时，电流也是额定电压起动时的 80%，起动转矩和临界转矩是额定电压起动的 64%。为保证起动过程的顺利进行，要考虑电动机起动时所带的负载，电动机的起动转矩一定要大于负载转矩。

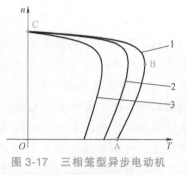

图 3-17　三相笼型异步电动机减压起动时的机械特性

二、定子绕组串联电阻（电抗）减压起动控制电路

定子绕组串联电阻（或电抗）减压起动是指在电动机起动时，在三相定子电路中串联电阻（或电抗），通过电阻（或电抗）的分压作用，使电动机定子绕组上的起动电压降低，起动结束后再将电阻（或电抗）短路，使电动机在额定电压下正常运行。下面分别介绍手动切换的、时间继电器控制的和手动与自动混合控制的三种形式的串联电阻减压起动控制电路。

1. 手动切换的定子绕组串联电阻减压起动控制电路

图 3-18 所示为手动切换的定子绕组串联电阻减压起动控制电路。其工作原理如下：先合上电源开关 QS，按下起动按钮 SB1，KM1 得电吸合并自锁，电动机 M 串联电阻 R 减压起动，待电动机转速上升到一定值时，再按下按钮 SB2，KM2 得电吸合并自锁，R 被短路，电动机 M 在全压下运行。

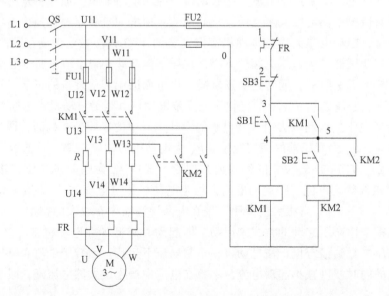

图 3-18　手动切换的定子绕组串联电阻减压起动控制电路

图 3-18 所示的电路中电动机从减压起动到全压运行需要工作人员操作两次方能完成，工作既不方便也不可靠。因此，实际的控制电路常采用时间继电器来自动完成短路电阻的动作，以实现自动控制。

串联电阻减压起动时，电阻在分压的同时将消耗较大的电能，因此会有较大的发热。因此减压电阻常选择功率较大的绕线式电阻，并将其安装在比较利于散热的地方。当把电阻换成电抗时，同样可以达到减压的目的，电抗在电动机的起动过程中并不消耗有功功率，故不会发热。但一般情况下电抗的价格比电阻高，在频繁起动的设备上其节能效果才可以体现出来。也有少数设备采用同时串联电阻和电抗的方法减压起动。

2. 时间继电器控制的定子绕组串联电阻减压起动控制电路

图 3-19 所示为时间继电器控制的定子绕组串联电阻减压起动控制电路。这个电路中采用时间继电器 KT 代替了图 3-18 电路中的 SB2 的功能，从而实现了电动机从减压起动到全压运行的自动控制。只要调整好时间继电器 KT 触头的动作时间，电动机由减压起动到全压运行这个过程就可准确完成。其工作原理如下：合上电源开关 QS，按下起动按钮 SB1，接触器 KM1 得电吸合并自锁，电动机定子绕组串联电阻 R 减压起动；接触器 KM1 得电的同时，时间继电器 KT 得电吸合，其延时闭合常开触头不会立即动作，待电动机转速上升到一定值时，KT 延时结束，KT 延时闭合常开触头闭合。接触器 KM2 得电动作，主电路中电阻被 R 短路，电动机在全压下正常运行。

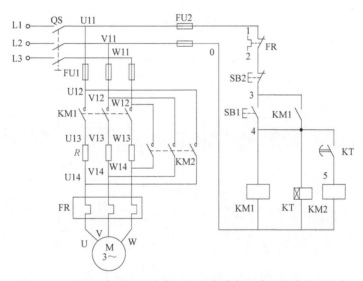

图 3-19　时间继电器控制的定子绕组串联电阻减压起动控制电路

从主电路看，只要 KM2 得电就能使电动机全压运行，但图 3-19 所示电路在电动机起动后，接触器 KM1、KM2 和时间继电器 KT 都处于得电状态，从而使能耗增加，并缩短了电器的使用寿命。图 3-20 所示电路就解决了这个问题。在 KM1 的线圈电路中串联了 KM2 的常闭触头进行联锁，当 KM2 得电动作后，其常闭触头就会切断 KM1（及 KT）线圈电路使其失电，同时 KM2 自锁。这样在电动机全压运行后，就会把接触器 KM1 和时间继电器 KT 全部从电路中切除，从而延长其使用寿命，并节省电能，同时也提高了电路的可靠性。

3. 手动与自动混合控制的定子绕组串联电阻减压起动控制电路

图 3-21 所示是手动与自动混合控制串联电阻减压起动控制电路。电路中增设了一个组合开关 SCB。工作时，先合上电源开关 QS。当需要手动控制时，把组合开关 SCB 扳到位置 1，起动电阻可以通过按钮 SB2 的手动操作来短路，其详细工作原理与图 3-20 所示电路相似。当需要自动控制时，把组合开关 SCB 扳到位置 2，控制电路可通过时间继电器 KT 和接触器 KM2 的配合，实现减压起动。

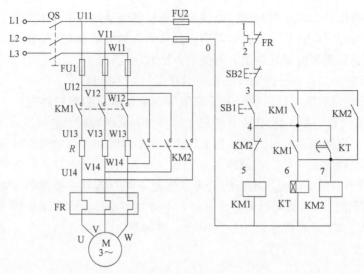

图 3-20 时间继电器控制定子绕组串联电阻减压起动控制电路

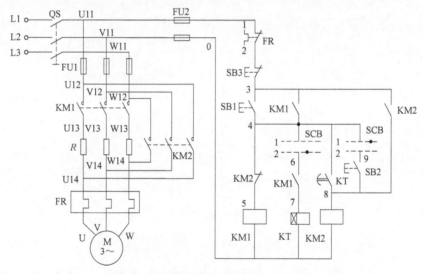

图 3-21 手动与自动混合控制的定子绕组串联电阻减压起动控制电路

三、自耦变压器减压起动控制电路

在自耦变压器减压起动的控制电路中，电动机起动电流的限制是依靠自耦变压器的减压作用来实现的。电动机起动的时候，定子绕组得到的电压是自耦变压器的二次电压，待电动机起动后，再使电动机与自耦变压器脱离，从而在全压下正常运行，这种减压起动分为手动控制和自动控制两种。

图 3-22 所示是手动控制自耦变压器减压起动控制电路。其工作原理如下：先合上电源开关 QS，按下起动按钮 SB1，接触器 KM1、KM2 相继得电并自锁，自耦变压器 TA 接入电动机的主电路中，使电动机减压起动。当电动机转速上升到接近额定转速（即起动完毕）时，按下按钮 SB2，中间继电器 KA 与接触器 KM3 相继得电动作，切除自耦变压器 TA，电动机进入全压正常运行状态。

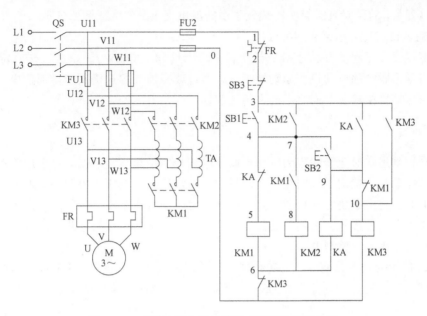

图 3-22　手动控制自耦变压器减压起动控制电路

　　该控制电路有如下优点：①起动时若发生误操作，即直接按下按钮 SB2，接触器 KM3 线圈也不会得电，电动机无法起动，可避免电动机全压直接起动；②由于接触器 KM1 的常开辅助触头与 KM2 线圈串联，所以在减压起动完毕按下 SB2 按钮后，只要接触器 KM1 线圈能够断电，接触器 KM2 线圈也必定会被断开，所以即使接触器 KM3 出现故障使触头无法闭合时，也不会使电动机在低电压下运行；③接触器 KM3 的闭合时间领先于接触器 KM2 的释放时间，所在不会出现电动机起动过程中的间隙断电，也就不会出现第二次起动电流。

　　图 3-23 所示为自动控制自耦变压器减压起动控制电路。它与图 3-22 的主要区别在于利

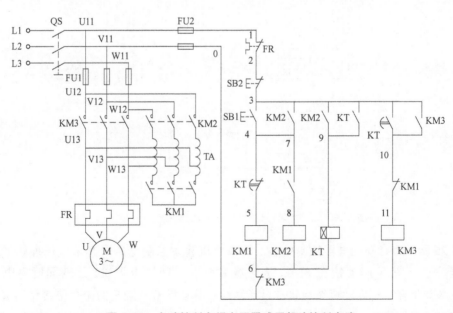

图 3-23　自动控制自耦变压器减压起动控制电路

用时间继电器 KT 的两对延时触头，代替了中间继电器 KA 的常闭和常开触头，并去掉图 3-22 中的按钮 SB2。其工作原理不再分析。

自耦变压器减压起动方法适用于起动容量较大（14~300kW），正常工作时定子绕组接成星形或三角形联结的电动机，起动转矩可以通过改变抽头的连接位置得到改变。但它的缺点是自耦变压器价格较贵，而且不允许频繁起动。

四、星形-三角形（丫-△）转换减压起动控制电路

凡是在正常运转时定子绕组为三角形联结的三相笼型异步电动机均可采用丫-△转换减压起动方法。起动时，把定子绕组接成星形联结，以降低起动电压，限制起动电流，待转速上升到一定值时，将定子绕组改接成三角形联结，使电动机在全压下运行。丫-△转换减压起动控制电路常采用两种形式，一是按钮控制的丫-△转换减压起动控制电路；二是时间继电器控制的丫-△转换减压起动控制电路。

图 3-24 所示为按钮控制的丫-△转换减压起动控制电路，适用于 13kW 以上的电动机。电路工作原理如下：先合上电源开关 QS，按下起动按钮 SB1，接触器 KM 和 KM丫（不常用此种形式文字符号来表示不同的电器，但为区分不同功能的电器时也可以这样使用）线圈同时得电，KM丫主触头闭合，把电动机绕组接成星形联结，KM 主触头闭合接通电动机电源，使电动机以星形联结减压起动。当电动机转速上升到一定值时，按下起动按钮 SB2，SB2 常闭触头先断开，分断 KM丫线圈电路，SB2 常开触头后闭合，使 KM△线圈得电，电动机被接成三角形联结运行，整个起动过程完成。当需要电动机停转时，按下停止按钮 SB3 即可。

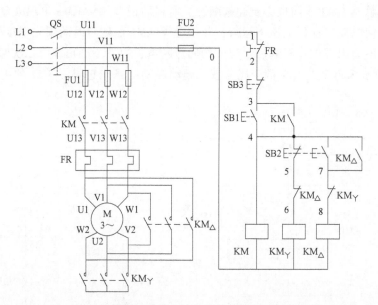

图 3-24 按钮接触器控制丫-△转换减压起动控制电路

图 3-25 所示为时间继电器控制的丫-△转换减压起动控制电路。其工作原理如下：先合上电源开关 QS，按下起动按钮 SB1，接触器 KM丫和时间继电器 KT 线圈同时得电，其中 KM丫的主触头闭合，把电动机绕组接成星形联结；其辅助常开触头的闭合使接触器 KM 线圈得电，KM 主触头闭合，此时电动机以星形联结减压起动。当电动机转速上升到一定值时，

KT 延时也结束，KT 的通电延时断开常闭触头断开，KM$_Y$ 和 KT 相继断电，接触器 KM$_\triangle$ 得电，电动机被接成三角形联结运行。

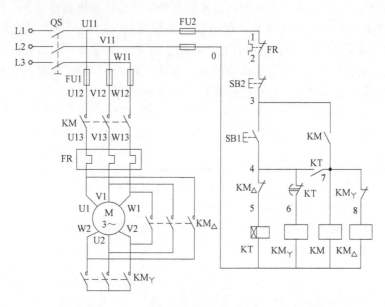

图 3-25　时间继电器控制的 Y-△ 转换减压起动控制电路

三相笼型异步电动机采用 Y-△ 转换减压起动时，定子绕组星形联结时的起动电压为直接采用三角形联结时起动电压的 $1/\sqrt{3}$，起动转矩星形联结时为三角形联结时的 1/3，起动电流星形联结也为三角形联结的 1/3。与自耦变压器减压起动相比，这种方法成本低、电路简单，但起动转矩较小。因此，这种起动方法仅适用于空载或轻载状态下电动机的起动。

五、软起动器

软起动器的工作原理框图如图 3-26 所示，改变晶闸管（SCR）的触发延迟角，就可调节晶闸管调压电路的输出电压。使用软起动器起动电动机时，晶闸管的输出电压逐渐增加，电动机逐渐加速，直到晶闸管全导通，电动机工作在额定电压的机械特性上，实现平滑起动降低起动电流，避免起动时的过电流跳闸。通过降低有效电压，软起动器可以根据负载优化调整，减少对负载的冲击并限制起动电流。

电动机达到额定转速时，起动过程结束，软起动器自动用旁路接触器取代已完成任务的晶闸管，为电动机正常运转提供额定电压，以降低晶闸管的热损耗，延长软起动器的使用寿

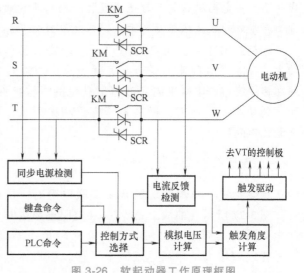

图 3-26　软起动器工作原理框图

命，提高其工作效率，又使电网避免了谐波污染。软起动器同时还提供软停止功能，软停止与软起动过程相反，电压逐渐降低，转速逐渐下降到零，避免自由停止引起的转矩冲击。

当电动机起动时，通过可编程序控制器或键盘向软起动器发出起动命令，软起动器通过晶闸管控制电动机的起动电压和电流，使电动机平滑起动。当电压达到额定值时，接触器KM得电，将软起动器短路，三相电源直接加在电动机上，软起动器起动完成，并向可编程序控制器发出起动完成信号。当电动机停转时，通过可编程序控制器或键盘向软起动器发停转指令，在软起动器的控制下，电动机逐渐减速至完全停转。

第七节　三相绕线转子异步电动机起动控制电路

知识目标	➤ 掌握三相绕线转子异步电动机转子绕组串联电阻起动、转子绕组串联频敏变阻器起动的特点和适应场合。 ➤ 掌握三相绕线转子异步电动机转子绕组串联电阻起动、转子绕组串联频敏变阻器起动电路的工作原理。
能力目标	➤ 能正确分析三相绕线转子异步电动机转子绕组串联电阻起动、转子绕组串联频敏变阻器起动电路的工作原理。 ➤ 能正确分析和判断三相绕线转子异步电动机转子绕组串联电阻起动、转子绕组串联频敏变阻器起动电路的电气故障，并排除其故障。

要点提示：

三相绕线转子异步电动机一般不采用直接起动，起动过程也都是在转子电路采取的措施，这是因为绕线转子异步电动机的转子结构与笼型异步电动机相比更为复杂，其起动性能也相对优越。如果选择三相绕线转子异步电动机就要发挥其起动性能优越的特点，所以三相绕线转子异步电动机在起动时是通过转子电路参数的改变来改变其起动特性的，并不是说三相笼型异步电动机减压起动的方法对三相绕线转子异步电动机无效。

三相绕线转子异步电动机适用于一些要求起动转矩较大，且能平滑调速的场合。其优点是可以通过集电环在转子绕组中串联电阻来改善电动机的机械特性，从而达到减小起动电流，提高转子电路功率因数，增大起动转矩的目的。

一、转子绕组串联电阻时的机械特性

三相绕线转子异步电动机转子串联电阻时，机械特性如图3-27所示（曲线1、2、3、4电阻逐渐增大），串联电阻时，其同步点仍然不变，临界转矩也不变，但临界转差率增大，即临界点向下平移。当临界点和起动点重合时，电动机具有最大的起动转矩（图中曲

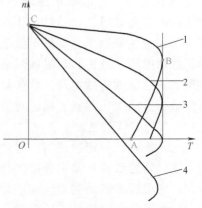

图3-27　三相绕线转子异步电动机转子串联电阻时的机械特性

线 3）。再增大串联电阻时，起动转矩反而减小（图中曲线 4）。在起动过程中，为保持较大的起动转矩，要不断减小转子电路中电阻，以达到增大起动转矩的目的。

二、转子绕组串联电阻时的起动控制电路

串联在三相转子电路中的起动电阻一般都接成星形联结。起动时，串联电阻全部接入电路，以减小电流并获得较大的起动转矩。随着电动机转速的升高，电阻被逐级短路。起动完毕，串联电阻全部切除，电动机便在额定状态下运行。电动机转子绕组中串联的电阻在被短路时，有两种方式：一种是三相电阻不平衡短路法，另一种是三相电阻平衡短路法。所谓不平衡短路是每相的起动电阻轮流被短路，而平衡短路是三相的起动电阻同时被短路。

图 3-28 是时间原则控制的绕线转子异步电动机转子绕组串联电阻的起动控制电路。转子电路三段起动电阻的短路是依靠三个时间继电器 KT1、KT2 及 KT3 和三个接触器 KM2、KM3 及 KM4 的相互配合来完成的。电路的工作原理是：先合上电源开关 QS，按下起动按钮 SB2，接触器 KM1 线圈得电，KM1 主触头闭合，电动机串联全部电阻起动；在 KM1 动作以后，时间继电器 KT1 线圈得电，经过 KT1 的延时时间以后，KT1 的常开触头闭合，使得 KM2 线圈得电，KM2 主触头闭合，切除第一组电阻 R_1，电动机串联两组电阻继续起动；KM2 常开辅助触头的闭合使时间继电器 KT2 线圈得电，经过 KT2 的延时时间以后，KT2 的常开触头闭合，使 KM3 线圈得电，KM3 主触头闭合，切除第二组电阻 R_2，电动机串联一组电阻继续起动；KM3 常闭辅助触头断开，切断 KT1 和 KM2 线圈电路，KT1 和 KM2 断电释放；KM3 常开辅助触头闭合，使时间继电器 KT3 线圈得电，经过 KT3 的延时时间以后，KT3 常开触头闭合，使 KM4 线圈得电，KM4 主触头闭合，切除第三组电阻 R_3，电动机起动过程结束进入正常运行；KM4 常闭辅助触头断开，时间继电器 KT2、KT3 和接触器 KM3 全部断电释放。

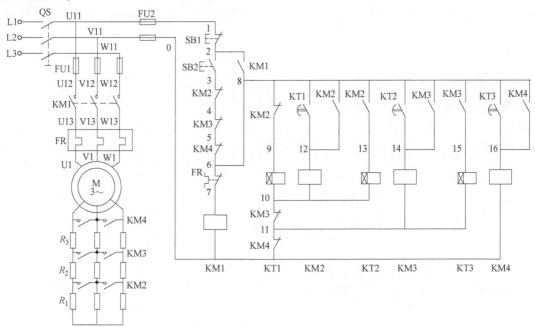

图 3-28　时间原则控制转子绕组串联电阻起动控制电路

从上述分析中可以看出，电路中只有 KM1 和 KM4 是长期通电的，而 KT1、KT2 和 KT3 以及 KM2、KM3 线圈的通电时间均被压缩到最低限度。这样做一方面节省了电能，更重要的是延长了它们的使用寿命。而与起动按钮 SB2 串联的接触器 KM2、KM3 和 KM4 的常闭辅助触头的作用是保证电动机在转子绕组中接入全部外加电阻的条件下才能起动。若接触器 KM2、KM3 和 KM4 中任何一个触头因熔焊或机械故障而没有释放时，电动机就不可能接通电源而直接起动。

但图 3-28 所示控制电路也存在两个问题：一是如果时间继电器损坏时，电路将无法实现电动机的正常起动和运转；二是在电动机起动过程中逐渐减小电阻时，电流和转矩会反复突然增大，频繁产生机械冲击。

图 3-29 所示是电流原则控制的绕线转子异步电动机转子绕组串联电阻的起动控制电路。它是利用三个欠电流继电器 KA1、KA2 和 KA3，根据电动机转子电流的变化，控制接触器 KM1、KM2 和 KM3 依次得电动作，来逐级切除外加电阻的。欠电流继电器 KA1、KA2 和 KA3 的线圈串联在电动机转子回路中，这三个继电器的吸合电流都一样，但释放电流不同，其中 KA1 的释放电流最大，KA2 次之，KA3 最小。电动机刚起动时，因为起动电流很大，KA1、KA2 和 KA3 会吸合，它们的常闭触头都断开，接触器 KM1、KM2、KM3 都不动作，电动机串联全部电阻起动。随着电动机转速逐渐升高，电流开始减小，KA1 首先释放，它的常闭触头闭合，使接触器 KM1 线圈得电，短路第一组转子电阻 R_1，这时转子电流又重新增加，随着转速的升高，电流又逐渐下降，使 KA2 释放，接触器 KM2 线圈得电，短接第二组电阻 R_2，如此继续下去，直到将转子全部电阻短路，电动机起动完毕，进入正常运行状态。

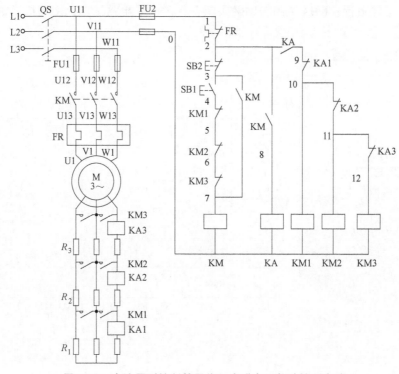

图 3-29 电流原则控制转子绕组串联电阻起动控制电路

中间继电器 KA 的作用是保证电动机在转子电路中接入全部电阻的情况下开始起动。因为电动机刚起动时，起动电流由零增大到最大值有一个时间，这样就有可能造成 KA1、KA2 和 KA3 没来得及动作，而 KM1、KM2 和 KM3 已经得电动作把电阻 R_1、R_2、R_3 短路，电动机直接起动。引入 KA 后，无论 KA1、KA2 和 KA3 有无动作，开始起动时，可由 KA 的常开触头来切断 KM1、KM2 和 KM3 线圈的电路，保证电动机开始起动时串联全部电阻。

为达到绕线转子异步电动机转子绕组中串联电阻减小起动电流，提高转子电路功率因数和增加起动转矩的目的，要求外加电阻必须具有合适的电阻值。外加电阻各级电阻值的大小必须经过计算确定。在计算起动电阻值的大小时，要以起动电阻的级数为前提条件，电阻级数越多，电动机起动时的转矩波动越小，即起动越平滑，同时，电气控制电路也会相对越复杂。

三、转子绕组串联频敏变阻器起动控制电路

转子绕组串联电阻的起动方法，要获得良好的起动特性，一般需要较多级数的起动电阻，所用电器多、控制电路较复杂、设备投资大且维修不够方便，另外在逐级减小电阻的过程中，电流及转矩的反复变化会产生一定的机械冲击力。所以从二十世纪六十年代开始，我国开始推广使用频敏变阻器来控制绕线转子异步电动机的起动。

频敏变阻器实质上是一个铁损非常大的三相电抗器。它由数片 E 形钢板叠成，具有线圈和铁心两部分，一般为星形联结，并制成开启式，将其串联在转子电路中，如图 3-30a 所示，相当于转子绕组接入一个铁损很大的电抗器，这时的转子等效电路（一相）如图 3-30b 所示。（点画线框内为频敏变阻器等效电路，R 为其每相绕组本身的电阻，其值较小；R_{mp} 为反映每相铁心损耗的等效电阻；X_{mp} 是频敏变阻器静止时的每相电抗）。

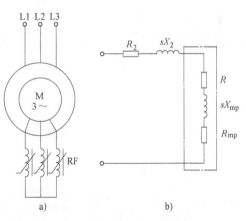

图 3-30 频敏变阻器的等效电路

由于频敏变阻器的铁心是用厚钢板制成的，电动机起动时，转子电路频率较高，铁心损耗很大，对应的等效电阻 R_{mp} 很大。由于起动电流的影响使频敏变阻器的铁心饱和，X_{mp} 并不大。此时相当于在转子电路中串入一个较大的电阻 R_{mp}，从而获得较好的起动性能。随着转速的升高，转子电路频率降低，铁耗随频率的二次方成正比下降，使 R_{mp} 减小（此时 sX_{mp} 也变小），相当于随转速的升高自动且连续地减小转子电路电阻。

从以上分析可以看出，在绕线转子异步电动机的转子电路中串联频敏变阻器起动时，由于频敏变阻器的等效阻抗随起动过程而减小，从而得到自动变阻的目的，因此只需用一级频敏变阻器就可以平稳地使电动机起动。这种起动方式在空气压缩机与桥式起重机等设备中获得了广泛应用。

频敏变阻器有各种结构。其中 BP1 系列中各种型号的频敏变阻器均可应用于绕线转子异步电动机的偶然起动或重复起动。重复短时工作时，频敏变阻器常采用直接串联方式，不

必用接触器及短接设备。在偶然起动时，一般只需一台接触器，在起动结束时将频敏变阻器短路。

图 3-31 为绕线转子异步电动机转子绕组串联频敏变阻器的起动控制电路。起动过程由转换开关 SC 实现自动控制和手动控制。采用自动控制时，将转换开关 SC 扳到"自动"位置，按下起动按钮 SB2 时，接触器 KM1 通电并自锁，电动机串联频敏变阻器 RF 起动，此时，时间继电器 KT 线圈也得电，经过 KT 的延时以后，KT 常开触头闭合，中间继电器 KA 线圈得电并自锁。KA 常开触头的闭合使接触器 KM2 线圈得电，KM2 常开触头闭合将频敏变阻器 RF 短路，电动机起动结束，进入正常运行。电动机起动过程中，中间继电器 KA 的线圈未得电，其两对常闭触头将热继电器 FR 的热元件短接，以免因起动时间较长而使热继电器产生误动作。电流互感器 TA 的作用是将主电路中的大电流变成小电流。

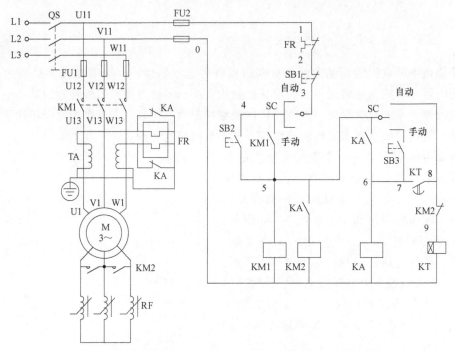

图 3-31　绕线转子异步电动机转子绕组串联频敏变阻器的起动控制电路

采用手动控制时，将转换开关 SC 扳到"手动"位置。时间继电器 KT 不起作用，利用按钮 SB3 手动控制中间继电器 KA 和接触器 KM2 的动作。

频敏变阻器上设有四个抽头。一个抽头在绕组的背面，标号为 N。另外三个抽头在绕组的正面，标号分别为 1、2 和 3。抽头 1~N 之间为 100%匝数，2~N 之间为 85%匝数，3~N 之间为 71%匝数。出厂时接在 2~N 抽头上。频敏变阻器上下铁心由两面四个拉紧螺栓固定，拧开拉紧螺栓上的螺母可在上下铁心之间垫非磁性垫片，以调整气隙。出厂时上下铁心间气隙为零。

如果在使用中遇到下列情况，可以调整匝数和气隙。

1）起动电流大，起动太快。可以换接抽头，使匝数增加，以减小起动电流，同时起动转矩也减小。

2）起动电流小，起动太慢。应换接抽头，使匝数减少，以增大起动电流，起动转矩随之增大。

3）刚起动时，起动转矩过大，机械冲击大，而起动完毕后，转速又太低。可在上下铁心之间增加气隙。增加气隙将使起动电流略为增加，起动转矩稍有减小。但起动完毕时，转矩会稍有增大，使稳定转速得到提高。

第八节　三相异步电动机电气制动控制电路

知识目标	➢ 了解电气制动与机械制动的差异。 ➢ 掌握三相异步电动机反接制动、能耗制动的特点和适应场合。 ➢ 掌握三相异步电动机反接制动、能耗制动电路的工作原理。
能力目标	➢ 能正确分析三相异步电动机反接制动、能耗制动电路的工作原理。 ➢ 能正确分析和判断三相异步电动机反接制动、能耗制动电路的电气故障，并排除其故障。

要点提示：

电气设备的制动是为了实现快速和准确停止，可采用机械和电气两种方式实现。机械制动常采用电磁抱闸，制动时电动机与电源之间脱离，抱闸的闭合与开启虽然要靠电磁铁产生的电磁力来实现，但制动时是靠制动闸瓦与制动轮之间的摩擦力达到制动效果的，所以仍称为机械制动。电气制动时，电动机与电源之间存在联系，靠电动机自身产生的转矩来达到制动的目的。三相异步电动机电气制动的方式有反接制动（又分电源反接制动和倒拉反接制动）、能耗制动和回馈制动等，每一种制动方式都有自己的适应场合和条件，制动过程中能量的利用率也不一样。如果仅从事设备维护工作，不必对这些制动方式都十分熟悉，这是由于现有设备的制动方式都是选择与设计好的，但如果从事电气设备控制系统的设计工作，必须对各种制动方式的特点非常了解，这样才能设计出最佳的控制方案。

电动机断开电源以后，由于其本身及其拖动的生产机械转动部分的惯性，不会马上停止转动，而需要一段时间才会完全停下来，这往往不能适应某些生产机械生产工艺和提高效率的要求。为此，采用了一些制动方法来实现快速和准确的停止。电气设备的制动常用的有机械制动和电气制动两种制动方式。机械制动是利用机械装置使电动机断开电源后迅速停转，如电磁抱闸。电气制动是靠电动机本身产生一个和电动机原来旋转方向相反的制动转矩，迫使电动机迅速制动停转。常用的电气制动方式有反接制动、能耗制动和回馈制动（再生制动）。

一、反接制动原理及其控制电路

反接制动依靠改变电动机定子绕组的电源相序来产生制动转矩，迫使电动机迅速停转。其制动原理如图 3-32 所示，机械特性如图 3-33 所示。

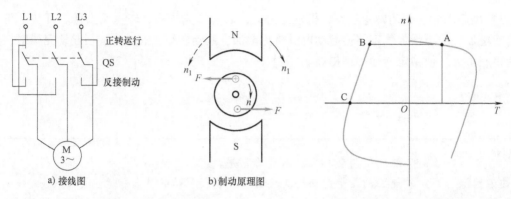

图 3-32　反接制动原理　　　　　　　　　　　　图 3-33　反接制动时的机械特性

在图 3-32a 中，当 QS 向上闭合时，电动机定子绕组的电源相序为 L1-L2-L3，电动机将沿旋转磁场方向（如图 3-32b 中顺时针方向）以 $n<n_1$ 的转速正常运转。当需要电动机停转时，可断开 QS，使电动机先脱离电源（此时转子凭惯性仍按原方向旋转），随后，将开关 QS 迅速向下闭合，此时 L1、L3 两相电源线对调，电动机定子绕组的电源相序变为 L3-L2-L1，旋转磁场反转（如图 3-32b 中逆时针方向），此时转子将以 n_1+n 的相对转速沿原转动方向切割旋转磁场，在转子绕组中产生感生电流，其方向可用右手定则判断，如图 3-32b 所示。而转子绕组一旦产生电流又受到旋转磁场的作用产生电磁转矩，其方向由左手定则判断。可见此转矩方向与电动机的转动方向相反，使电动机制动而迅速停转。

制动之前，电动机带负载运行在 A 点，制动开始后，由于转速不能突变，工作点由 A 点平移到 B 点，由 A 点时的拖动力矩变为制动力矩，然后电动机工作点由 B 点沿特性曲线下移。

应当注意的是，当电动机转速接近零值时，应立即切断电动机电源，否则电动机将反转。为此，在反接制动设施中，常利用速度继电器来地切断电源。通常情况下，在 120～3000r/min 范围内速度继电器触头动作，当转速低于 100r/min 时，其触头恢复原位。

电动机拖动负载做往返运动时，就是从 A 点过渡到 B 点，再从 B 点到 C 点（速降为 0），然后再反向起动。图 3-16 所示的往返运动就是如此，其从 B 点开始制动，到 C 点停止前进，实际上还有一段前进的距离，因此要在制动过程中使用长挡铁压合相应的行程开关，保证制动过程能够完成。

另外，反接制动时，由于旋转磁场与转子的相对转速（n_1+n）很高，故转子绕组中感生电流很大，致使定子绕组中的电流也很大，因此反接制动适用于 10kW 以下小容量电动机的制动。同时，为了减小冲击电流，通常要求对 4.5kW 以上的电动机进行反接制动时，在定子电路中串入一定电阻值的电阻 R，以限制反接制动电流。这个电阻称为反接制动电阻（或限流电阻），大小可参考下述经验公式进行估算，即

$$R \approx KU_\phi / I_{st} \tag{3-16}$$

式中，K 为系数，要求最大的反接制动电流不超过电动机全电压直接起动电流 I_{st} 时，K 取 1.3；要求最大的反接制动电流不超过电动机全电压直接起动电流 I_{st} 的一半时，K 取 1.5；U_ϕ 为电动机定子绕组的相电压（V）；I_{st} 为电动机全电压直接起动电流（A）；R 为电动机反接制动时串联在三相定子绕组中的各相电阻的电阻值（Ω）。

如果反接制动时只在电源两相中串联电阻（非对称接法），则电阻值应为上述电阻值的1.5 倍。

电动机在反接制动过程中，由电网供给的电能和拖动系统的机械能将全部转变为电动机转子的热损耗，所以能量损耗大。笼型异步电动机转子内部是短路的，所以无法在其转子中再串联电阻，所以在反接制动过程中转子将承受全部热损耗，这就限制了电动机每小时允许的反接制动次数。

1. 单向起动反接制动控制电路

图 3-34 所示为单向起动反接制动控制电路。该电路的主电路和正反转控制电路的主电路相同，只是在反接制动时增加了三个限流电阻 R。电路中 KM1 为正转运行接触器，KM2 为反接制动接触器，KS 为速度继电器，与电动机同轴连接。起动时，按下起动按钮 SB1，接触器 KM1 得电并自锁，电动机起动运转，当转速上升到一定值（约 120r/min）时，速度继电器 KS 常开触头闭合，为反接制动接触器 KM2 线圈得电做好准备。停止时，按下停止按钮 SB2，其常闭触头先断开，接触器 KM1 线圈断电，电动机暂时脱离电源，此时由于惯性，KS 的常开触头依然处于闭合状态，所以当 SB2 常开触头闭合时，反接制动接触器 KM2 线圈得电并自锁，其主触头闭合，使电动机定子绕组得到与正常运转相序相反的三相交流电源，电动机进入反接制动状态，转速迅速下降，当转速下降到一定值（约 100r/min 左右）时，速度继电器 KS 常开触头恢复断开，接触器 KM2 线圈断电，反接制动结束。如果制动前电动机的转速为 1400r/min，至 100r/min 左右制动结束，电动机的动能已基本消耗完毕（假设 100r/min 时电动机的动能为 1 个单位，1400r/min 时电动机的动能则为 256 个单位，制动过程消耗电动机动能为 255 个单位）。

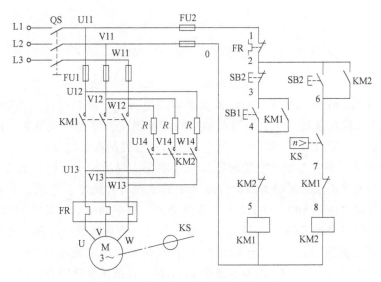

图 3-34　单向起动反接制动控制电路

2. 电动机可逆运行的反接制动控制电路

图 3-35 所示为电动机可逆运行的反接制动控制电路。当需要电动机正转运行时，首先按下正转起动按钮 SB2，电动机依靠正转接触器 KM1 的闭合而得到正相序三相交流电源起动运转，速度继电器 KS 正转的常闭触头和常开触头均已动作，分别处于断开和闭合的状

态。但是由于反接制动接触器 KM2 的线圈电路中串联着起联锁作用的 KM1 的常闭辅助触头，它的断开比正转的 KS-1 常开触头的动作时间早，所以正转 KS-1 常开触头的闭合起到使 KM2 准备通电的作用，即并不可能使 KM2 线圈立即得电。当按下停止按钮 SB1 时，KM1 线圈断电，其联锁触头恢复闭合，反向接触器 KM2 线圈得电，定子绕组得到反相序的三相交流电源，进入正向反接制动状态。由于速度继电器的常闭触头已打开，所以此时反向接触器 KM2 并不可能依靠自锁触头而锁住电源。当电动机转子转速下降到一定值时，KS-1 的正转常开触头和常闭触头均复位，接触器 KM2 的线圈断电，主触头恢复断开，切断电动机绕组电路，正向反接制动过程结束。

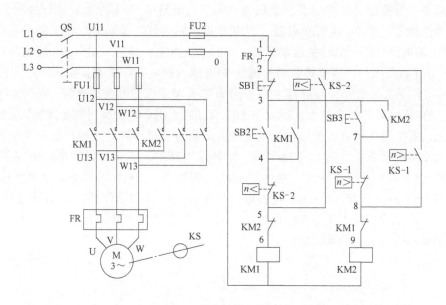

图 3-35　电动机可逆运行的反接制动控制电路

在电动机反向运转时，KS-2 常开触头闭合，为 KM1 线圈通电做准备。当按下停止按钮 SB1 时，在 KM2 线圈断电的时候，KM1 线圈立即通电，定子绕组得到正相序的三相交流电源，电动机进入反向反接制动状态。当电动机的转子速度下降到一定值时，KS-2 常开触头和常闭触头均复位，KM1 的线圈断电，反向反接制动过程结束。

图 3-36 所示为具有反接制动电阻的正反向起动反接制动控制电路。电路中 R 既是反接制动限流电阻，又是正反向起动的限流电阻。电路工作时，先合上电源开关 QS。需正转运行时，按下正转起动按钮 SB2，SB2 常闭触头先断开，对中间继电器 KA4 联锁，SB2 的常开触头后闭合，中间继电器 KA3 线圈得电并自锁，其另一组常开触头闭合，使接触器 KM1 线圈得电，KM1 的主触头闭合，使定子绕组经电阻 R 接通正序三相电源，电动机开始减压起动，此时，虽然中间继电器 KA1 线圈电路中 KM1 常开辅助触头已闭合，但是 KA1 线圈并不能得电，因为速度继电器 KS 的正转常开触头 KS-1 尚未闭合，当电动机转速上升到一定值时（约 120r/min），KS 的正转常开触头 KS-1 闭合，中间继电器 KA1 线圈得电并自锁，此时，由于 KA1、KA3 等中间继电器的常开触头均处于闭合状态，接触器 KM3 线圈电路被接通，KM3 主触头闭合，限流电阻 R 短路，电动机进入全压正常运转状态。在电动机正常运行的过程中，若按下停止按钮 SB1，则 KA3、KM1 和 KM3 三个线圈都断电。但由于惯性，

此时电动机转子的转速仍然很高，速度继电器的正转常开触头并未复位，中间继电器 KA1 的线圈仍维持得电状态，所以当接触器 KM1 的常闭触头复位后，接触器 KM2 线圈便得电，其常开主触头闭合，使定子绕组经电阻 R 得到反相序的三相交流电源，对电动机进行反接制动。当转子速度继续下降到一定值（低于 100r/min）时，KS 的正转常开触头恢复断开状态，KA1 线圈断电，接触器 KM2 释放，反接制动过程结束。

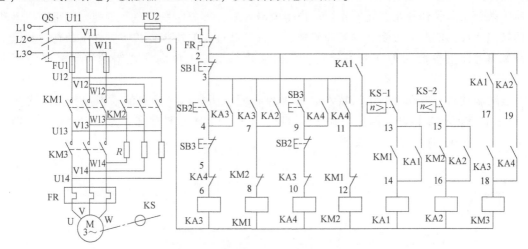

图 3-36　具有反接制动电阻的正反向起动反接制动控制电路

电动机的反向起动及反接制动控制是由起动按钮 SB3、中间继电器 KA4 和 KA2、接触器 KM2 和 KM3、停止按钮 SB1 及速度继电器的反转常开触头 KS-2 等来完成的，其起动过程、制动过程和上述类似，因此不再专门分析。

二、倒拉反接制动原理及其控制电路

当绕线转子异步电动机转子串联较大电阻时，其机械特性变软（更陡），如图 3-37 所示，电动机工作在 B、C、D 点，此时电动机的转矩为正、转速为负，电动机工作在制动状态下，由于电动机定子绕组所加电压为正相序电压，电动机在负载作用下被迫反转，故称之为倒拉反接制动，常用于起重机下放重物。

其控制电路与图 3-28 所示电路相似，电阻 R_1、R_2、R_3 全部串联入电路时，电动机按图 3-37 中的曲线 4 工作，最后稳定在 D 点下放重物；R_2、R_3 串联入电路时，电动机按图 3-37 中的曲线 3 工作，最后稳定在 C 点下放重物；R_3 串联入电路时，电动机按图 3-37 中的曲线 2 工作，最后稳定在 B 点下放重物。控制电路只要实现 KM2、KM3 和 KM4 按需要通断即可。

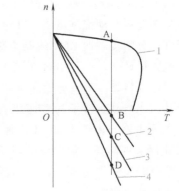

图 3-37　倒拉反接制动时的机械特性

三、能耗制动原理及其控制电路

能耗制动是当电动机切断三相交流电源之后，立即在定子绕组的任意两相中通入直流电，迫使电动机迅速停转。其制动原理如图 3-38 所示，先断开电源开关 QS1，切断通入电动机定子绕组中的三相交流电源，这时转子仍按原旋转方向做惯性运转，随后立即合上开关 QS2，并将电源开关 QS1 向下闭合，电动机 V、W 两相定子绕组通入直流电，在定子中产生一个恒定的静止磁场，这样做惯性运转的转子就会因切割磁力线而在转子绕组中产生感生电流，其方向可由右手定则判断出来，上方应标 ⊕，下方应标 ⊙。转子绕组中一旦产生了感生电流，就会立即受到静止磁场的作用，产生电磁转矩，其方向根据左手定则判断正好与电动机的转向相反，使电动机受制动迅速停转。根据制动过程的控制方式，能耗制动有时间原则控制和速度原则控制两种，下面分别以单向能耗制动和正反向能耗制动控制电路为例来说明。

能耗制动时，电动机的机械特性如图 3-39 所示，所加电压为直流，因此可以看成频率为 0，故同步点过坐标轴的原点。制动开始后，工作点由 A 点平移到 B 点，在 B 点时电动机转速为正、转矩为负，故产生制动效果。

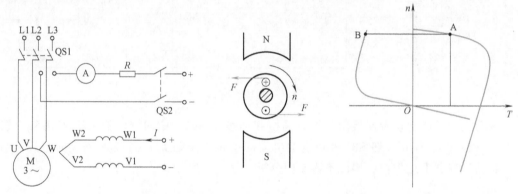

图 3-38　能耗制动原理图　　　　　　　　图 3-39　能耗制动时的机械特性

1. 单向能耗制动控制电路

（1）无变压器单相半波整流单向能耗制动控制电路　图 3-40 所示为无变压器单相半波整流单向能耗制动控制电路。在电动机正常运行时，若按下停止按钮 SB2，SB2 的常闭触头先断开，分断接触器 KM1 线圈电路，电动机由于 KM1 的断电释放而脱离三相交流电源，暂时断电并惯性运转，而 SB1 的常开触头后闭合，接通 KM2 线圈电路，KM2 线圈和 KT 线圈相继得电并自锁，直流电通过 KM2 主触头的闭合加入定子绕组，电动机接入直流电开始能耗制动，当电动机转子的转速接近于零时，时间继电器延时结束，其常闭触头打开，分断 KM2 线圈电路。由于 KM2 常开辅助触头的复位，也切断了时间继电器 KT 的电源，同时，KM2 主触头的断开，使电动机切断了直流电源并停转，能耗制动结束。图 3-40 中 KT 瞬时闭合常开触头的作用是当 KT 出现线圈断线或机械卡住等故障时，按下 SB2 后能使电动机制动后脱离直流电源。

无变压器单相半波整流单向能耗制动控制电路所需设备少、体积小且成本低，适用于 10kW 以下的小容量电动机，且对制动要求不高的场合。

（2）有变压器单相桥式整流单向能耗制动电路　图 3-41 所示为有变压器单相桥式整流单向能耗制动控制电路。图 3-41 和图 3-40 所示控制电路完全相同，所以其工作原理也相同。有变压器单相桥式整流单向能耗制动控制电路适用于容量在 10kW 以上的电动机。在图 3-41

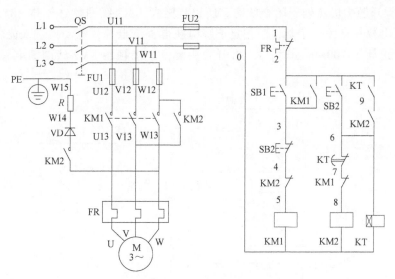

图 3-40　无变压器单相半波整流单向能耗制动控制电路

所示电路中，直流电源由单相桥式整流器 VC 供给，TC 是整流变压器，电阻 *RP* 是用来调节直流电流的，从而调节制动强度，整流变压器一次侧与整流器的直流侧同时进行切换，有利于提高触头的使用寿命。

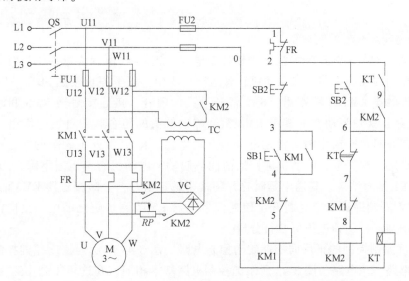

图 3-41　有变压器单向桥式整流单向能耗制动控制电路

　　图 3-40 和图 3-41 所示电路都是采用时间继电器来控制制动过程的，都属于时间原则控制的单向能耗制动控制电路。

　　（3）速度原则控制的单向能耗制动控制电路　图 3-42 所示为速度原则控制的单向能耗制动控制电路。该电路与图 3-40 所示控制电路也基本相同，仅仅是把控制电路中 KT 的线圈电路以及触头电路取消，而在电动机轴上安装了速度继电器 KS，并且用 KS 的常开触头取代了 KT 的通电延时断开的常闭触头。这样一来，该电路中的电动机在按下停止按钮 SB1 时，电动机由于 KM1 的断电释放而脱离三相交流电源，此时，电动机仍在惯性高速运转，速度继电器 KS 的常开触头仍然处于闭合状态，所以接触器 KM2 线圈能够依靠 SB1 按钮常开触头的闭合接通电源并自锁。于是，两相定子绕组获得直流电源，电动机进入能耗制动状态，当电动机的转速低于 100r/min 时，KS 常开触头复位，接触器 KM2 线圈断电释放，能耗制动结束。

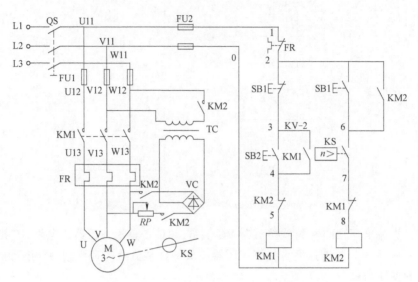

图 3-42　速度原则控制的单向能耗制动控制电路

2. 正反向能耗制动控制电路

（1）时间原则控制的正反向能耗制动控制电路　图 3-43 所示为电动机按时间原则控制的正反向能耗制动控制电路。在电动机正常运行过程中，按下停止按钮 SB1，SB1 常闭触头先断开，使接触器 KM1 线圈断电，SB1 常开触头后闭合，接通接触器 KM3 和时间继电器 KT 的线圈电路，其触头动作，其中 KM3 常开辅助触头的闭合起着自锁的作用；KM3 常闭辅助触头的断开起着联锁作用，锁住电动机起动电路；KM3 常开主触头的闭合，使直流电压加在电动机定子绕组上，电动机进行正向能耗制动，电动机转速迅速下降，当接近零时，时间继电器 KT 延时结束，其通电延时打开的常闭触头断开，分断接触器 KM3 的线圈电路。此时 KM3 的常开辅助触头恢复断开，使时间继电器 KT 线圈也随之断电，正向能耗制动结束。反向起动与能耗制动过程可自行分析。

（2）速度原则控制的正反向能耗制动控制电路　图 3-44 所示为速度原则控制正反向能耗制动控制电路。该电路与图 3-43 所示的控制电路基本相同，在这里也是用速度继电器 KS 取代了时间继电器 KT。由于速度继电器的触头具有方向性的特点，所以这里把电动机正向运转和反向运转分别闭合的 KS-1 常开触头和 KS-2 常开触头并联以后，再来代替原电路中的 KT 延时断开的常闭触头。在此电路中，电动机若处于正向能耗制动状态时，接触器 KM3 的线圈是依靠 KS-1 常开触头和本身的常开辅助触头的共同闭合而锁住电源的，当电动机的正向旋转速度小于 100r/min 时，KS-1 常开触头复位，接触器 KM3 线圈断电释放，电动机正向能耗制动结束。在电动机处于反向能耗制动状态时，接触器 KM3 线圈依靠 KS-2 常开触头和自身的常开辅助触头的共同闭合而锁住电源，在电动机的反向旋转速度下降到小于 100r/min 时，KS-2 常开触头复位，接触器 KM3 线圈断电释放，电动机反向能耗制动结束。

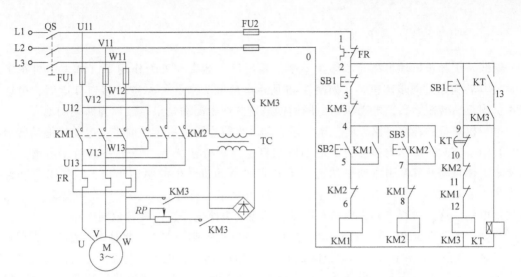

图 3-43　时间原则控制的电动机正反向能耗制动控制电路

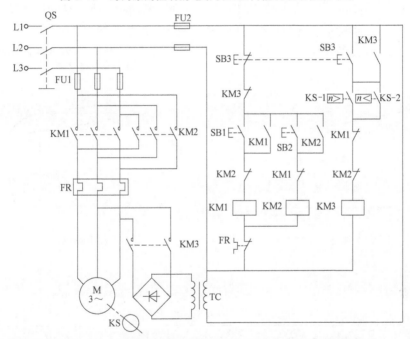

图 3-44　速度原则控制的电动机正反向能耗制动控制电路

按时间原则控制的能耗制动一般适用于负载转矩和负载转速比较稳定的生产机械上；而按速度原则控制的能耗制动则比较适合于能够通过传动系统来实现负载速度变换的生产机械。

由以上分析可知，能耗制动比反接制动所消耗的能量少，其制动电流也比反接制动的制动电流小得多，但能耗制动需要一个直流电源，也就是说需要设置一套整流装置，设备费用较高，制动力较弱，在低速时制动力矩小。因此，能耗制动一般用于要求制动准确、平稳的场合。

能耗制动时产生的制动转矩大小，与通入定子绕组中的直流电流的大小、电动机的转速及转子电路中的电阻等有关。

四、回馈制动（再生制动）原理及其控制电路

绕线转子异步电动机在同步转速不变的情况下，如果在外力作用下（如电力机车下坡时）使其转速超过同步转速时，如图 3-45 所示电动机工作点由 A 点转移到 B 点时，电动机转速仍为正，转矩为负，电动机向电网回馈电能并产生制动效果，故称为回馈制动。

电力机车行驶在水平路面时，空气阻力和摩擦阻力阻碍机车的前进，电动机拖动转矩与阻力转矩平衡时，机车匀速前行，拖动电动机稳定运行在 A 点。突遇下坡时，由重力产生的转矩促使机车及其牵引电动机加速，至 B 点时电动机产生的制动转矩、空气阻力和摩擦阻力产生的转矩与重力产生的转矩平衡，电动机稳定运行在 B 点，将机车的势能转化为电能回馈电网。这一过程自动完成，对电动机的控制电路仍是正向旋转控制电路。

行驶在水平路面的机车，在停车时也可以工作在回馈制动方式，此时由于没有重力促使电动机加速到超过同步转速，可以通过降低电动机的同步转速使电动机制动开始时的转速高于其同步转速。如图 3-46 所示，当降低电动机电源电压频率时，电动机同步转速降低，电动机的工作点将从 A 点平移到 B 点，B 点时电动机工作在回馈制动状态下。电动机将从 B 点沿特性曲线减速，随着转速的降低，制动转矩也在减小。若未达到较好的制动目的，可以降低电源电压的频率，直至电动机转速降为 0。制动过程中把机车储存的动能转化为电能回馈给电网。

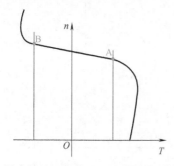 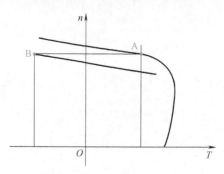

图 3-45　同步转速不变情况下回馈制动时的机械特性　图 3-46　同步转速降低情况下回馈制动时的机械特性

第九节　三相异步电动机调速控制电路

知识目标	➢ 了解三相异步电动机调速的目的和意义。 ➢ 掌握三相异步电动机调速电路的工作原理。
能力目标	➢ 能正确分析三相异步电动机调速电路的工作原理。 ➢ 能正确分析和判断三相异步电动机调速电路的电气故障，并排除其故障。

要点提示：

生产机械的调速方法有两种，一种是机械调速，常用的有齿轮变速箱、带传动变速机构

等，都是在电动机与运动部件之间添加调速机构；一种是直接改变电动机的转速。改变电动机转速调速时往往可以使机械调速机构得到简化。异步电动机常用的调速方法有以下几种：依靠改变定子绕组的极对数调速（即变极调速），改变供电电源的频率调速（即变频调速）和改变转子电路中的电阻调速等。异步电动机每一种调速方法适用场合和成本也不一样。

采用异步电动机作为原动机的生产机械，往往有调速的要求。目前常用的异步电动机的调速方法主要有以下几种：改变转子电路中的电阻调速、改变定子绕组的极对数调速（即变极调速）和改变供电电源的频率调速（即变频调速）等。

一、电阻调速

绕线转子异步电动机在转子电路串联电阻时，机械特性如图 3-47 所示，串联的电阻越大特性越软，在电动机拖动恒转矩负载时其稳定转速就越低。其控制电路与图 3-28 所示电路相同，在此不再赘述。

二、变极调速

1. 变极调速原理

在供电电网频率固定的前提下，电动机的同步转速与它的极对数成反比，极对数增加一倍时，同步转速下降一半，电动机的运行速度也大约下降一半，于是达到调速的目的。

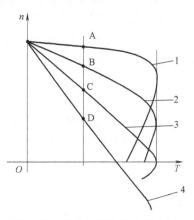

图 3-47　改变转子电路中的电阻调速时的机械特性

绕线转子异步电动机的定子绕组极对数若改变后，它的转子绕组必须相应的重新组合，这一点就生产现场来说一般是难以实现的。而笼型异步电动机转子绕组的极对数却能够随着定子绕组极对数的变化而变化，也就是说，笼型异步电动机转子绕组本身没有固定的极对数。所以变更绕组极对数的调速方法一般只适用于笼型异步电动机。

笼型异步电动机经常采用下列两种方法来变更定子绕组的极对数：一种是改变定子绕组的接线方式，或者说是变更定子绕组每相的电流方向；另一种是在定子上设置具有不同极对数的两套互相独立的绕组。有时同一台电动机为了获得更多的速度等级（如需要得到三个以上的速度等级），上述的两种方法经常同时采用，即在定子上设置两套互相独立的绕组，并使每套绕组都具有变更电流方向的能力。

变极调速常用的有Y/YY变极和△/YY变极两种方式，即星形联结到双星形联结变极和三角形联结到双星形联结的变极调速。

（1）Y/YY变极调速　图 3-48a 是双速异步电动机接线示意图。星形联结时将电动机定子绕组的 U1、V1 和 W1 三个绕组首端接三相交流电源，而将 U3、V3 和 W3 三个绕组中间抽头空着，U2、V2 和 W2 三个绕组末端接在一起，此时电动机定子绕组为星形联结，电动机磁极对数较多，分别与 V1、W1 和 U1 相接。若将电动机定子绕组的三个中间抽头 U3、V3 和 W3 接三相交流电源，把 U1、V1 和 W1 三个绕组首端及 U2、V2 和 W2 三个绕组末端并联在一起，则原来三相定子绕组的星形联结转变为双星形联结。此时，每相绕组中的两个线圈相互并联，电动机磁极对数减半，电动机同步转速倍增。

假设变极前后电源线电压 U_N 不变，通过线圈的电流 I_N 不变（即保持导体电流密度不变），则变极前后的输出功率变化如下：

星形联结时 $\qquad P_{\gamma} = 3(U_{N}/\sqrt{3}) \, I_{N}\eta_{\gamma} \cos\varphi_{\gamma}$

双星形联结时 $\qquad P_{\gamma\gamma} = 3(U_{N}/\sqrt{3}) \, 2I_{N}\eta_{\gamma\gamma} \cos\varphi_{\gamma\gamma}$

假设变极调速前后，效率 η 和功率因数 $\cos\varphi$ 近似不变，则 $P_{\gamma\gamma}=2P_{\gamma}$、$n_{\gamma\gamma}=2n_{\gamma}$，则

$$T_{\gamma} = 9.55(P_{\gamma}/n_{\gamma}) = 9.55(P_{\gamma\gamma}/n_{\gamma\gamma}) = T_{\gamma\gamma}$$

机械特性如图 3-49 所示，且适合拖动起重机、电梯、带式输送机等恒转矩负载，高速时运行在 A 点，低速时运行在 B 点。

（2） △/丫丫变极调速　图 3-48b 所示为双速异步电动机△/丫丫变极调速接线示意图。三角形联结时将电动机定子绕组的 U1、V1 和 W1 三个绕组首端接三相交流电源，而将 U3、V3 和 W3 三个绕组中间抽头空着，U2、V2 和 W2 三个绕组末端分别与 V1、W1 和 U1 相接，三相定子绕组接成三角形，此时每相绕组中的两个线圈串联，电动机磁极对数较多；若将电动机定子绕组的三个中间抽头 U3、V3 和 W3 接三相交流电源，把 U1、V1 和 W1 三个绕组首端及 U2、V2 和 W2 三个绕组末端并联在一起，则原来三相定子绕组的三角形联结转变为双星形联结。此时，每相绕组中的两个线圈相互并联，电动机磁极对数减半，电动机同步转速倍增。

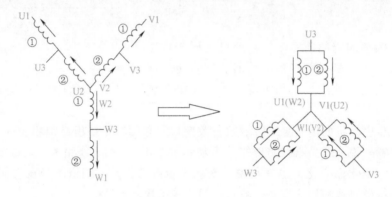

a) 丫/丫丫

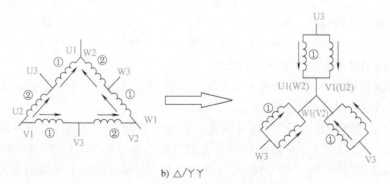

b) △/丫丫

图 3-48　双速异步电动机三相定子绕组接线示意图

同样假设变极前后电源线电压 U_{N} 不变，通过线圈的电流 I_{N} 不变（即保持导体电流密度不变），则变极前后的输出功率变化如下：

三角形联结时 $\qquad P_{\triangle} = 3U_{N} I_{N}\eta_{\triangle} \cos\varphi_{\triangle}$

双星形联结时 $\qquad P_{YY} = 3\,(U_N/\sqrt{3}\,)2\,I_N\eta_{YY}\cos\varphi_{YY}$

假设变极调速前后，效率 η 和功率因数 $\cos\varphi$ 近似不变，则 $P_{YY} \approx 1.15P_\triangle$、$n_{YY} = 2n_\triangle$，则

$$T_\triangle = 9.55\,(P_\triangle/n_\triangle)$$
$$T_{YY} = 9.55\,(P_{YY}/n_{YY}) \approx 0.577T_\triangle$$

机械特性如图 3-50 所示，且适合用于车床切削等恒功率负载，当粗车时进给量大，转速低；精车时进给量小，转速高，拖动电动机功率基本不变，高速时运行在 A 点，低速时运行在 B 点。

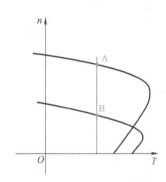

图 3-49　Y/YY变极调速时的机械特性

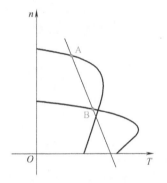

图 3-50　△/YY变极调速时的机械特性

应当注意的是，双速电动机定子绕组从一种接法变为另一种接法时，三相绕组的空间相序发生变化，因此必须把电源相序反接，以保证电动机旋转方向不变。

2. 按钮和接触器控制的双速电动机△/YY变极调速控制电路

图 3-51 所示是用按钮和接触器控制的双速电动机控制电路。电路工作时，先合上电源开关 QS。按下低速起动按钮 SB2，低速接触器 KM1 线圈得电动作，电动机定子绕组为三角形联结，低速起动运转。若需要换为高速运转，可按下高速按钮 SB3，SB3 常闭触头先断开，切断控制低速运行的接触器 KM1 线圈电路，同时 KM1 联锁触头恢复闭合，SB2 常开触头后闭合，使控制高速的接触器 KM2 和 KM3 线圈同时得电动作，使电动机定子绕组作双星形联结，电动机变为高速运转。由于电动机的高速运转是由 KM2 和 KM3 两个接触器共同来控制的，因此，在其自锁回路中串联了 KM2 和 KM3 两个常开辅助触头，目的是保证两个接触器都闭合时才允许工作。

3. 转换开关时间继电器控制的双速电动机△/YY变极调速控制电路

转换开关和时间继电器控制双速电动机低速起动高速运转的电路，如图 3-52 所示。其工作原理如下：当把转换开关 SC 扳到"低速"位置时，接触器 KM1 线圈得电动作，电动机定子绕组为三角形联结，U1、V1、W1 三个出线端与电源连接，电动机低速运转；当转换开关 SC 扳到"高速"位置时，时间继电器 KT 线圈先得电，其瞬时常开触头立即闭合，使接触器 KM1 线圈得电，其主触头闭合，把电动机定子绕组接成三角形联结，电动机先低速起动运转，经过一定的延时，时间继电器 KT 延时常闭触头断开，分断 KM1 线圈电路，同时 KT 的延时常开触头闭合，KM2 和 KM3 线圈相继得电动作，电动机定子绕组被接成双星形联结做高速运转。

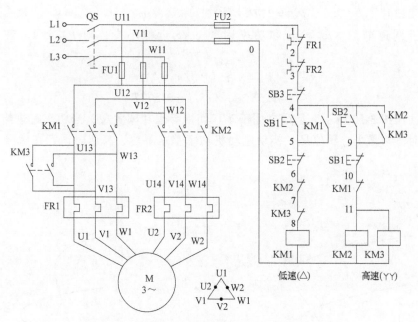

图 3-51 按钮和接触器控制的双速电动机控制电路

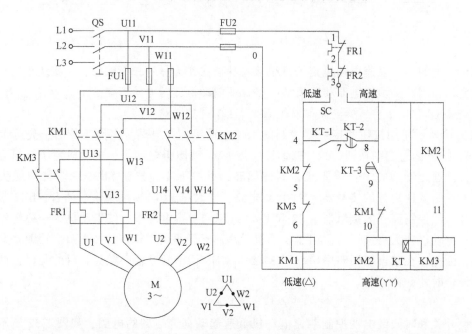

图 3-52 转换开关和时间继电器控制的双速电动机电路

Y/YY变极调速控制电路与△/YY变极调速控制电路基本相同，只是主电路接法稍微有所区别。

三、变频调速

改变三相异步电动机的电源频率，可以改变电动机的同步转速，从而改变电动机的运行速度。但在工程实践中，仅仅改变电动机的电源频率，还不能达到满意的调速效果，往往配合电源电压的调整，才能获得满意的调速性能。

1. 变频调速时的机械特性

下面选取电动机机械特性上的三个特殊点进行分析，定性画出变频调速时的机械特性。

（1）同步点 因 $n_1 = 60f_1/p$，则 $n_1 \propto f_1$，频率变化时，电动机的同步转速成正比变化。

（2）临界点 当电压频率小于额定频率（常称为基频）时，如要保证电源电压的大小不变，由 $U_2 \approx E_1 = 4.44f_1 N_1/K_{N1} \Phi_1$ 可知，当 f_1 降低时，主磁通 Φ_1 增加，电动机磁路会过度饱和，其后果是电动机效率降低，负载能力变小。故基频以下变速且靠近基频时，常维持 $U_1/f_1 =$ 常数，此时 $T_m = C(U_1^2/f_1^2) =$ 常数，电动机的机械特性如图3-53的曲线3所示；在基频以下远离基频时，由于漏抗的影响，T_m 略微变小，电动机的机械特性如图3-53的曲线4所示。当电压频率大于额定频率时，由于 U_1 不能大于额定电压，主磁通 Φ_1 只能降低，这样电动机的过载能力降低，T_m 变小，电动机的机械特性如图3-53的曲线1所示。

（3）起动点 由电动机起动转矩计算公式（3-14）知，在维持 $U_1/f_1 =$ 常数时，$T_{st} \propto 1/f_1$，故起动转矩随频率下降而增加。

综上所述，异步电动机采用变频调速时，其机械特性如图3-53所示，其起动、调速、制动（回馈状态）特性都比较好。

2. 变频器

交流电动机在需要调

速并且对速度、扭矩控制

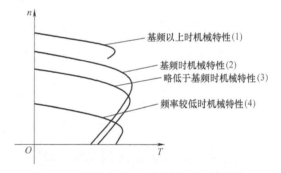

图3-53 异步电动机变频调速时机械特性

要求较高的领域中，需要采用变频器（Variable-frequency Drive，VFD）对电动机进行驱动和控制。

变频器是现代交流电动机控制领域中，技术含量最高、控制功能最全、控制效果最好的电动机控制装置。把电力系统中各种电压的变电站及输配电线路组成的整体，称为电网，而低压电网的电压和频率在我国是固定的三相交流380V和50Hz，所以电网实际上就是一种电压和频率都不能进行调节的电源。在工程实践中需要一种装置能够改变输出到电动机的频率、电压和电流，来调节电动机的转速和转矩，这就是变频器的作用。

变频器主要由整流（交流变直流）单元、滤波单元、逆变（直流变交流）单元、制动单元、驱动单元、检测单元及微处理单元等组成。

变频器靠内部IGBT的开断来调整输出电源的等效电压和频率，根据电动机的实际需要来提供其所需要的电源电压和频率，进而达到节能、调速的目的。

另外，变频器还有很多的保护功能，如过电流保护、过电压保护、过载保护、电动机短路保护、欠电压保护等。

目前，变频器按结构可以分为交-直-交流和交-交流变频器，即间接变压变频器和直接变压变频器。按应用领域可以分为通用变频器和专用变频器等。

交-直-交流变频器是目前主流的变频器，由整流器、滤波系统和逆变器三部分组成。整流器为二极管三相桥式不可控整流器或大功率晶闸管组成的三相半可控整流器，逆变器是IGBT组成的三相桥式电路，其作用正好与整流器相反，它是将恒定的直流电交换为不可调电压、可调频率的交流电（PWM输出）。中间滤波系统目前使用最广泛的是用电容对整流后的电压或电流进行滤波。

　　交-交流变频器可将工频交流电直接转换成可控频率和电压的交流电，由于没有中间直流环节，因此称为直接变压变频器。这类变频器输入功率因数低，谐波含量大，频谱复杂，最高输出频率不超过电网频率的一半，一般只用于轧机主传动、球磨机等大容量低转速的调速系统，供电给低速电动机传动时，可以省去庞大的变速箱。

　　下面以 ATV340 系列变频器为例说明变频器的基本结构。

　　ATV340 系列变频器都是通用型变频器，在工程项目中被广泛使用。设置变频器控制电动机的主电路时，要考虑的因素很多，其主电路一般由断路器、输入接触器、输入电抗器、滤波器和变频器组成，如图 3-54 所示。

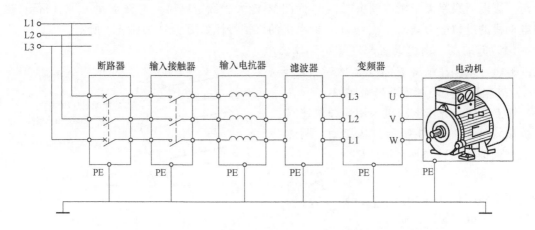

图 3-54　ATV340 系列变频器的主电路

　　为了便于在不同的控制场合应用，如变频器控制的正反转运行、多段速运行、PLC 远程控制变频器的起动和速度、变频器的同速控制、变频器的 PID 控制以及使用触摸屏加变频器控制电动机的起动停车和进行速度给定等，变频器具有很多功能和特定的参数可供设定。

　　不同生产厂家的变频器，甚至同一厂家的不同产品都有可能具有不同的功能，用户要在使用前仔细阅读产品手册，按产品手册的规定使用。

小结

　　本章介绍了异步电动机的铭牌数据、空载特性和负载特性，以及异步电动机的电磁转矩表达式和机械特性。各类异步电动机在起动控制中，应注意避免过大的起动电流对电网及传动机构的冲击。小容量笼型异步电动机（通常在 10kW 以内）允许采用直接起动方式，容量较大或起动负载大的电动机应采用减压起动（串联电阻/电抗、星形-三角形转换起动、自耦变压器减压起动和软起动器起动）。绕线转子异步电动机则应采用转子电路串联电阻或串联频敏变阻器等方法来限制其起动电流。电动机运行过程中的状态转换通常采用时间继电器实现。电动机运行中的点动、连续运转、正反转、自动循环以及调速控制等基本电路通常是采用各种主令电器、各种控制电器及其触头按一定逻辑关系的不同组合来实现。电动机的制动方式有电源反接制动、倒拉反接制动、能耗制动和回馈制动，制动控制电路设计时应考虑限制制动电流和避免电动机反向再起动。电动机的调速常用的电阻调速、变极调速和变频调速等。

习题

3-1 简要说明电动机铭牌的作用。

3-2 三相异步电动机的额定参数有哪些？分别是如何规定的？

3-3 三相异步电动机转子的感应电动势在什么条件下取得最大值？

3-4 三相异步电动机正常运转时定子和转子电路电源的频率是否相同？如不同则满足什么关系？

3-5 三相异步电动机的工作特性包括哪些关系曲线？各有什么特点？

3-6 三相异步电动机电磁转矩的公式有哪几种形式？分别适合什么情况下使用？

3-7 电气原理图中 QS、FU、FR、KM、KA、KT、SB、ST 等文字符号分别代表的是什么？

3-8 三相笼型异步电动机允许采用直接起动的容量大小是如何决定的？

3-9 设计带有过载保护的笼型异步电动机的控制电路。

3-10 什么是欠电压、零电压保护？可利用哪些电器实现欠电压、零电压保护？

3-11 设计用通电延时型时间继电器控制笼型异步电动机定子绕组串联电抗的起动控制电路。

3-12 电动机点动控制与连续运转控制电路的区别是什么？试设计几种既可点动又可连续运转的控制电路图。

3-13 简述异步电动机丫-△转换减压起动法的优缺点及适用场合。

3-14 图 3-55 是丫-△转换减压起动控制电路。指出图中哪些地方画错了，并改正过来，然后按改正的电路叙述其工作原理。

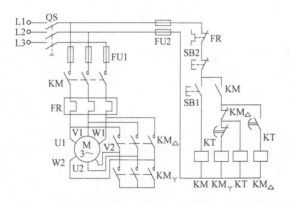

图 3-55 题 3-14 图

3-15 在图 3-56 所示设备中，要求按下起动按钮后能依次完成下列四步动作：第一步，运动部件 A 从位置 1 运动到位置 2；第二步，运动部件 B 从位置 3 运动到位置 4；第三步，运动部件 A 从位置 2 回到位置 1；第四步，运动部件 B 从位置 4 回到位置 3。试设计电气控制电路。

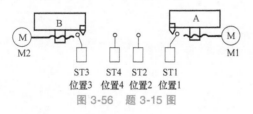

图 3-56 题 3-15 图

3-16　设计笼型异步电动机用自耦变压器起动的控制电路。

3-17　设计绕线转子异步电动机转子串联频敏变阻器起动的控制电路。

3-18　什么是电气制动？常用的电气制动方法有哪几种？简要说明各种电气制动的原理及适用场合。

3-19　试按下述要求设计某三相笼型异步电动机的控制电路：既能点动又能连续运转；采用能耗制动；有过载、短路、零电压及欠电压保护。

3-20　图 3-57 为一台三级带式输送机，分别由电动机 M1、M2 和 M3 拖动，用按钮操作，试按如下要求设计电路：起动时，按 M1-M2-M3 顺序进行；停止时，按 M3-M2-M1 顺序进行；以上原则均按时间原则控制。

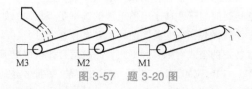

图 3-57　题 3-20 图

3-21　现有一台双速笼型异步电动机，试按下列要求设计电路：分别用两个起动按钮来控制电动机的高速起动与低速起动，由一个停止按钮来控制电动机的停止；高速起动时，电动机先接成低速运行，经延时后自动换接成高速运行；具有过载和短路保护。

3-22　图 3-58 所示的七个控制电路各有什么缺点或问题？工作时会出现什么现象？应如何改正？

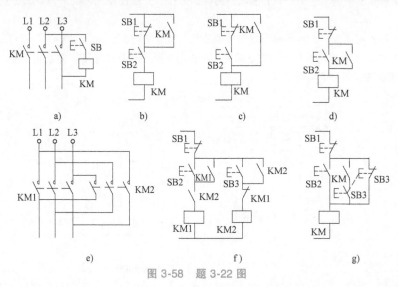

图 3-58　题 3-22 图

3-23　为两台异步电动机设计一个控制电路，其要求如下：两台电动机互不影响地独立操作；能同时控制两台电动机的起动与停止；当一台电动机发生过载时，两台电动机均停止。

第四章

直流电动机及其控制

相比于异步电动机，直流电动机的结构较为复杂，但因其具有优良的机械特性，在要求较高的场合得到广泛应用。

第一节　直流电动机的铭牌数据、电磁转矩、电枢电动势及电磁功率

知识目标	➤ 了解直流电动机的铭牌数据。 ➤ 理解电磁转矩的定义及其表达式。 ➤ 理解电枢电动势的定义及其表达式。 ➤ 理解电磁功率的定义及其表达式。
能力目标	➤ 能通过铭牌数据掌握直流电动机的型号和主要技术参数，并能正确选用电动机。

要点提示：

直流电动机的额定值标注在铭牌上，电动机的额定值是在额定条件下运行时电动机最适合的技术数据，使电动机既能长期工作又能保持良好的性能，是选用电动机的依据。直流电动机电枢绕组与气隙磁场作用产生电磁转矩，电枢绕组切割气隙磁场磁力线产生感应电动势，电磁功率是联系机械功率和电功率的桥梁。

一、直流电动机的铭牌数据

直流电动机的机座外表面上钉有一块铭牌，上面标有电动机的型号和主要技术数据，见表 4-1。

表 4-1　直流电动机的铭牌数据

型号	Z4-112/2-1	励磁方式	他励
额定功率	5.5kW	励磁电压	180V
额定电压	400V	励磁功率	320W
额定电流	16.4A	工作制	S1

电机与电气控制技术

（续）

型号	Z4-112/2-1	励磁方式	他励
额定转速	2630r/min	绝缘等级	F
产品编号	××××	出厂日期	××××年×月
××××电动机厂			

1. 型号

国产直流电动机的型号采用大写汉语拼音字母和阿拉伯数字表示，例如型号 Z4-112/2-1 中，Z 表示直流电动机，4 表示第四次改型设计，112 表示机座中心高度（单位为 mm），2 表示磁极数，1 表示铁心长度序号。型号 Z4-280-11B 中，Z4-280 同前文所说一致，而 11B 的第一个 1 表示铁心长度序号，第二个 1 表示前端盖序号（1 为短端盖，2 为长端盖），B 表示有补偿绕组。

2. 额定值

额定值是指电机在一定条件下正常运行时对电压、电流和功率等所规定的数值，是反映电机技术性能的重要数据，也是使用电机时的技术依据。

（1）额定功率 $P_N(kW)$ 是指在额定状态下，电机长期运行时允许的输出功率。对于直流发电机是指电刷两端输出的电功率；对于直流电动机是指转子轴上输出的机械功率。

（2）额定电压 $U_N(V)$ 是指在额定状态下运行时，直流发电机提供给负载的输出电压，或加在直流电动机两端的直流电源电压。

（3）额定电流 $I_N(A)$ 是指在额定状态下，直流发电机输出或直流电动机输入的直流电流。额定功率 P_N、额定电压 U_N 和额定电流 I_N 之间的关系如式（4-1）和式（4-2）所示。

对于直流发电机，有

$$P_N = U_N I_N \tag{4-1}$$

对于直流电动机，有

$$P_N = U_N I_N \eta_N \tag{4-2}$$

式中，η_N 为额定效率。

（4）额定转速 n_N（r/min） 是指电机在额定功率、额定电压和额定电流时的转速。

在选用直流电动机时，应根据负载要求，尽量使电动机在接近额定状态下运行，从而达到经济合理、稳定可靠的运行性能。

二、电磁转矩 T

在直流电动机中，电磁转矩是由电枢电流与气隙磁场相互作用而产生的电磁力所形成的，并作用在转子上，称作电磁转矩 T。其在直流电动机运行时为拖动转矩，带动负载转动，输出机械功率，在直流发电机运行时为制动转矩，阻碍转子转动，吸收机械功率。

根据电磁力定律，电枢绕组每一根导线上产生的平均电磁力为 $F = BIl$，电磁转矩的大小可表示为

$$T = C_T \Phi I_a \tag{4-3}$$

式中，T、Φ 和 I_a 分别与 F、B 和 I 成正比，导线长度 l 为常量；C_T 为电磁转矩常数，$C_T = pN/(2\pi a)$，N 为电枢绕组导体根数；a 为电枢绕组并联支路对数，与绕组的连接方式有关；

146

p 为磁极对数；Φ 为气隙磁场的每极下主磁通，单位为 Wb；I_a 为电枢电流，单位为 A；电磁转矩单位为 N·m。

三、电枢电动势 E_a

在直流电动机中，电枢电动势是电枢绕组在气隙磁场中切割磁力线产生的电动势。直流电动机运行时，电枢电动势的方向与电枢电流方向相反，为反电动势，而直流发电机运行时，电枢电动势为电源电动势。

根据电磁感应定律，电枢绕组中每根导体的平均电动势为 $E = Blv$，电枢电动势的大小可表示为

$$E_a = C_e \Phi n \tag{4-4}$$

式中，E_a、Φ 和 n 分别与 E、B 和 v 成正比；C_e 为电枢电动势常数，$C_e = pN/(60a)$；转速 n 的单位为 r/min，电枢电动势的单位为 V。

电磁转矩常数 C_T 和电枢电动势常数 C_e 之间的关系为

$$\frac{C_T}{C_e} = \frac{pN/(2\pi a)}{pN/(60a)} = \frac{60}{2\pi} = 9.55 \tag{4-5}$$

四、电磁功率 P_{em}

不论是直流发电机还是电动机，电功率和机械功率之间都要有能量转换，下面以直流电动机为例，来说明机电能量转换的关系。

直流电动机将电能转换为机械能，它的电磁功率 P_{em} 可以用 E_a 与 I_a 的乘积表示，即：

$$P_{em} = E_a I_a \tag{4-6}$$

根据式（4-3）、式（4-4）、式（4-5）和 $\Omega = 2\pi n/60$，式（4-6）可写为

$$P_{em} = E_a I_a = C_e \Phi n I_a = C_T \frac{2\pi}{60} \Phi n I_a = C_T \Phi I_a \frac{2\pi}{60} n = T\Omega \tag{4-7}$$

由力学知识可知，机械功率可以用转矩 T 和转子机械角速度 Ω 的乘积表示，式（4-7）表明，直流电动机将表示电能的电磁功率 $E_a I_a$ 转换为表示机械能的机械功率 $T\Omega$，这就是能量转换的桥梁。

第二节　直流电动机的机械特性

知识目标	➤ 理解并掌握直流电动机的基本方程式。 ➤ 掌握他励电动机的固有机械特性。 ➤ 掌握他励电动机的人为机械特性。
能力目标	➤ 能使用基本方程式分析直流电动机的原理和运行。 ➤ 能正确绘制他励电动机的各种特性曲线。 ➤ 能正确使用三种调速方法。

要点提示:

直流电动机的基本方程式包括电动势平衡方程式、功率平衡方程式和转矩平衡方程式,它们是分析直流电动机原理和运行的重要工具。机械特性是直流电动机的主要特性,是分析电动机起动、制动和调速的重要依据,他励电动机人为机械特性包括电枢电路串联电阻、降低电源电压和减弱磁通的人为机械特性,利用这三种机械特性可以进行电动机的调速。

一、直流电动机的基本方程式

直流电动机稳定运行时电路系统的电动势平衡方程式、能量转换过程中的功率平衡方程式和机械系统的转矩平衡方程式是直流电动机的基本方程式。它们反映了直流电动机在运行过程中内部的电磁过程和电动机内外的机电能量转换,说明了直流电动机的运行原理。下面以他励电动机为例进行分析。

1. 电动势平衡方程式

在直流他励电动机稳定运行时,由于电枢绕组切割气隙磁场,产生电枢电动势 E_a,其为反电动势,即 E_a 的方向与电枢电流 I_a 的方向相反,如图 4-1 所示。根据基尔霍夫电压定律可以写出电枢电路的电动势平衡方程式为

$$U = E_a + I_a R_a \qquad (4\text{-}8)$$

式中 R_a 为电枢电路总电阻,包括电枢绕组电阻和电刷接触电阻。

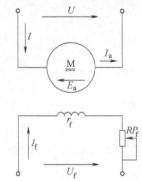

式 (4-8) 表明,当电源电压 U 大于电枢电动势 E_a 时,才能使电流流入直流电机,使直流电机工作在电动状态,反之则工作在发电状态。

图 4-1 他励电动机的电路图

2. 功率平衡方程式

在他励电动机接通电源时,电枢绕组中流过电流 I_a,电动机的输入电功率为

$$P_1 = UI = UI_a = (E_a + I_a R_a) I_a = E_a I_a + I_a^2 R_a = P_{em} + P_{Cu} \qquad (4\text{-}9)$$

式中,P_{Cu} 是电枢电路铜损耗,即电枢电路总电阻引起的损耗。

式 (4-9) 表明输入直流电动机的电功率一部分被电枢绕组消耗,另一部分被电磁功率转换成了机械功率。在电动机旋转后,还要克服电枢铁心产生的铁损耗 P_{Fe},各类摩擦产生的机械损耗 P_m 和附加损耗 P_{ad}。所以实际输出的机械功率为

$$P_2 = P_{em} - P_{Fe} - P_m - P_{ad} = P_1 - P_{Cua} - P_{Fe} - P_m - P_{ad} = P_1 - \sum P \qquad (4\text{-}10)$$

直流他励电动机的效率为

$$\eta = \frac{P_2}{P_1} \times 100\% = \frac{P_1 - \sum P}{P_1} \times 100\% \qquad (4\text{-}11)$$

一般大型直流他励电动机的效率可达 85%~94%,中小型直流电动机的效率为 75%~85%。

3. 转矩平衡方程式

直流他励电动机以恒定转速稳定运行时,电磁转矩 T 与电动机轴上的负载转矩 T_L 和电动机本身的空载转矩 T_0 之和相平衡,即

$$T = T_L + T_0$$

电动机轴上的输出转矩 T_2 与负载转矩 T_L 相等，因此式（4-11）也可以写成

$$T = T_2 + T_0 \tag{4-12}$$

二、他励电动机的固有机械特性

他励电动机的机械特性是指电动机的电枢电压、气隙磁通和电枢电路总电阻为恒定值时，电动机的转速 n 与电磁转矩 T 之间的关系曲线，即 $n = f(T)$。

在图 4-1 所示电路中，若在电枢电路外串联调节电阻 RP_a，则式（4-8）可改写为 $U = E_a + I_a(R_a + RP_a) = E_a + I_a R$。由于 $E_a = C_e \Phi n$，可得

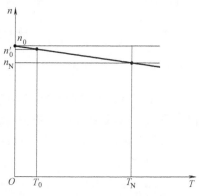

$$n = \frac{U - I_a R}{C_e \Phi}$$

又因为 $T = C_T \Phi I_a$，可得机械特性一般表达式为

$$n = \frac{U}{C_e \Phi} - \frac{R}{C_e C_T \Phi^2} T = n_0 - \beta T \tag{4-13}$$

式中，n_0 为理想空载转速，β 为机械特性的斜率。

他励电动机的机械特性如图 4-2 所示，其中 n_0' 为实际空载转速略小于 n_0。

图 4-2 他励电动机的机械特性

电动机的机械特性分为固有机械特性和人为机械特性两种。

固有机械特性是指当直流电动机的电枢电压和气隙磁通均为额定值，且电枢电路中没有串联调节电阻时的机械特性，其方程式为

$$n = \frac{U_N}{C_e \Phi_N} - \frac{R_a}{C_e C_T \Phi_N^2} T \tag{4-14}$$

由于电枢电路总电阻 R_a 较小，所以 β 很小，固有机械特性是一条略微下斜的直线，为硬特性。

三、他励电动机的人为机械特性及其调速

在实际应用中，他励电动机的固有机械特性一般不能满足使用需要，所以可以人为地改变式（4-13）中电源电压 U、每极磁通 Φ 和电枢电路串联调节电阻 RP_a 三个参数中的任意一个参数，得到人为机械特性。

1. 电枢回路串联调节电阻时的人为机械特性

保持电源电压 $U = U_N$，每极磁通 $\Phi = \Phi_N$，电枢回路串联调节电阻 RP_a 时的人为机械特性方程为

$$n = \frac{U_N}{C_e \Phi_N} - \frac{R_a + RP_a}{C_e C_T \Phi_N^2} T \tag{4-15}$$

图 4-3 所示为一组串联 RP_a 时的人为机械特性曲线，与固有机械特性相比可知，理想空载转速 n_0 不变，特性曲线斜率 β 增大，特性曲线变软。电动机的转速随 RP_a 的增大而降低，所以这种方法可以进行调速，如图 4-4 所示。

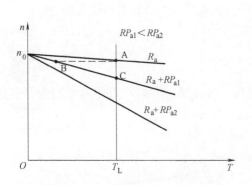

图 4-3　电枢串联电阻的人为机械特性

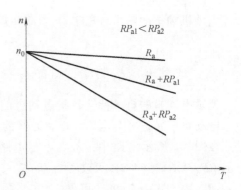

图 4-4　电枢串联电阻调速的机械特性

当电枢回路未串联调节电阻 RP_a 时，电动机稳定运行在固有机械特性的 A 点，当电枢回路串联调节电阻 RP_{a1} 时，机械特性改变，但转速不能突变，所以工作点从 A 点瞬间变到 B 点，此时电磁转矩减小，小于负载转矩，电动机减速，随电动机减速电磁转矩增加，当工作点由 B 点逐渐变到 C 点时，$T = T_L$，电动机重新稳定运行。

2. 改变电枢电压时的人为机械特性

保持每极磁通 $\Phi = \Phi_N$，电枢电路不串联调节电阻 RP_a，仅改变电枢电压的人为机械特性方程为

$$n = \frac{U}{C_e \Phi_N} - \frac{R_a}{C_e C_T \Phi_N{}^2} T \tag{4-16}$$

由于电动机受绝缘强度限制，电枢电压仅限于从额定电压 U_N 向下调节。如图 4-5 所示，为一组降低电枢电压的平行的人为机械特性曲线，与固有机械特性相比可知，理想空载转速 n_0 与电枢电压 U 成正比，特性曲线的斜率 β 不变，随电枢电压的降低，转速也降低，所以用这种方法可以进行调速，如图 4-6 所示。

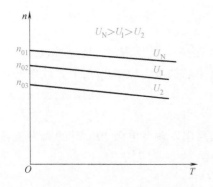

图 4-5　降低电枢电压的人为机械特性

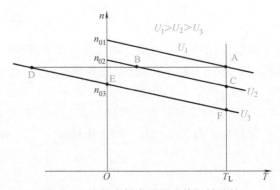

图 4-6　降低电枢电压调速的机械特性

当电动机稳定运行在 A 点时，将电枢电压从 U_1 瞬间降至 U_2，因转速不能突变，工作点从 A 点瞬间变到 B 点，此时电磁转矩小于负载转矩，电动机减速，随电动机减速电磁转矩增加，当工作点由 B 点逐渐变到 C 点时，$T = T_L$，电动机重新稳定运行。但是当瞬间降压幅

度较大时，如图 4-6 中，电压从 U_1 瞬间降至 U_3 时，工作点由 A 点迅速跳至 D 点，电动机将回馈制动，当工作点变到 E 点右边时，电动机返回电动状态并继续减速，当工作点变到 F 点时，$T=T_L$，电动机重新稳定运行。

3. 改变磁通时的人为机械特性

保持电源电压 $U=U_N$，电枢电路不串联调节电阻 RP_a，改变磁通时的人为机械特性方程为

$$n=\frac{U_N}{C_e\Phi}-\frac{R_a}{C_eC_T\Phi^2}T \tag{4-17}$$

由于电动机在设计制造时，磁通 Φ_N 已接近饱和值，不能再增加，所以磁通只能从额定值减弱。如图 4-7 所示为一组弱磁时的人为机械特性曲线，与固有机械特性相比可知，理想空载转速 n_0 随磁通 Φ 减弱而升高，斜率 β 与磁通 Φ 的二次方成反比，随着其减弱而增大，特性曲线变软，所以用这种方法也可以进行调速，如图 4-8 所示。

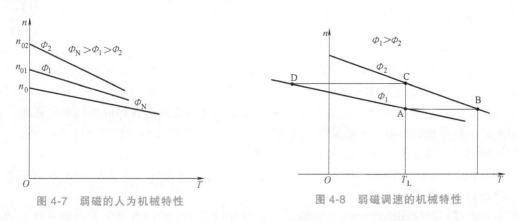

图 4-7　弱磁的人为机械特性　　　　图 4-8　弱磁调速的机械特性

当电动机稳定运行在 A 点时，将磁通从 Φ_1 迅速降至 Φ_2，因转速不能突变，工作点从 A 点瞬间变到 B 点，此时电磁转矩大于负载转矩，电动机加速，随电动机加速电磁转矩减小，当工作点由 B 点逐渐变到 C 点时，$T=T_L$，电动机重新稳定运行。与减压调速类似，当增磁幅度过大时，电动机也将回馈制动。

第三节　他励直流电动机的起动、正反转及其控制电路

知识目标	➢ 了解他励直流电动机起动时的机械特性。 ➢ 掌握他励直流电动机起动、正反转运行控制电路的工作原理。
能力目标	➢ 能正确分析他励直流电动机控制电路（起动、正反转运行）的工作原理。 ➢ 能正确分析和判断他励直流电动机控制电路（起动、正反转运行）的电气故障并进行排除。

要点提示：

直流电动机的主电路和控制电路与感应电动机相比区别很大，其主电路和控制电路都采

用直流电压，且主电路分为电枢电路和励磁电路，在控制时需要同时考虑电枢电路和励磁电路。如电动机转向的改变，既可以通过改变电枢电流的方向（此时励磁电流方向不能变）实现，也可以通过改变励磁电流的方向（此时电枢电流方向不能变）实现。控制直流电动机所使用的接触器是直流接触器，与交流接触器相比也有很大的区别。直流电动机控制电路与感应电动机控制电路相比，另一个不同点是除了要进行过电流保护外还要进行欠电流保护，即要对直流电动机的励磁电流进行检测，当励磁电流过小时（欠电流状态），直流电动机是不能起动的，因为此时起动直流电动机就会出现"飞车"现象。

直流电动机虽然不如三相交流感应电动机结构简单、价格便宜、制造方便及维护容易，但它具有良好的起动、制动与调速性能，容易实现各种运行状态的自动控制。尤其是他励和并励直流电动机，在工业生产中得到了广泛的应用。由于他励和并励直流电动机的运行性能和控制电路相似，所以本节仅以他励直流电动机为例，介绍直流电动机的起动、正反转和制动的基本控制电路。

一、直接起动及其控制电路

根据电动机的工作原理，直流电动机反电动势方程式与电动势平衡方程式为式（4-4）和式（4-8），可知电动机在刚起动瞬间，由于 $n = 0$、$E_a = 0$、电枢电流 $I_a = U_N / R_a$，且电枢电阻 R_a 很小，所以直流电动机起动特点之一就是起动冲击电流比感应电动机更大，可达额定电流的 10~20 倍，这样大的起动电流将可能导致电动机换向器和电枢绕组的损坏，同时对电源也是很重的负担。大电流产生的转矩和加速度对机械部件也将产生强烈的冲击，故在选择起动方案时必须予以充分考虑，即除小型直流电动机外一般不允许直接起动。

图 4-9 所示是他励直流电动机的固有机械特性，直接起动时，电动机将从 A 点开始加速，逐渐到达平衡点 B 稳定运行。

直接起动时的控制电路如图 4-10 所示，直流接触器 KM 控制电动机的电枢电压。起动时，先将控制电枢电路和励磁电路的开关 QS1、QS2 闭合，励磁绕组有励磁电流通过，当欠电流继电器 KA2 达到动作值时，说明励磁磁场已建立起来，其常开触头闭合，为电动机的起动做好准备。按下起动按钮 SB2，接触器 KM 线圈得电，其主触头接通电枢电路，电动机全压下起动。按下 SB1 时，接触器 KM 断电，其主触点断开电动机电枢电路，电动机自然停止。电动机过载时，过电流继电器 KA1 动作，其常闭触头切断 KM 线圈电路，达到过载保护的目的。欠电流继电器 KA2 起弱磁保护作用。

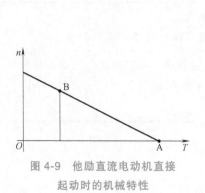

图 4-9　他励直流电动机直接
起动时的机械特性

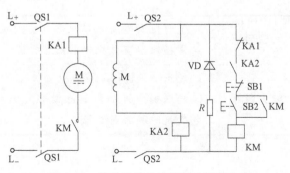

图 4-10　他励电动机直接起动控制电路

二、他励直流电动机电枢串联电阻起动及其控制电路

他励直流电动机起动控制的要求与交流电动机类似，即在保证足够大的起动转矩下，应尽可能地减小起动电流。在他励直流电动机的电枢电路串联电阻，可以达到限制起动电流和起动转矩的目的，其人为特性如图 4-11 所示，理想空载点 n_0 不变，串联的电阻阻值越大特性越软。电动机从 A 点开始起动，随转速的升高，起动电流和转矩减小，系统加速能力变弱。如果至 B 点时切除部分起动电阻，则电动机工作点平移至 C 点，电动机的起动转矩进一步增强。

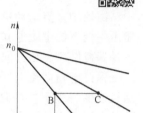

图 4-11　他励直流电动机
电枢串联电阻起动
时的机械特性

图 4-12 所示为电枢串联二级电阻按时间原则起动控制电路。图中 KM1 为电源控制接触器，KM2、KM3 为短接起动电阻接触器，KA1 为过电流继电器，KA2 为欠电流继电器，KT1、KT2 为时间继电器，R_1、R_2 为起动电阻，R_3 为放电电阻。

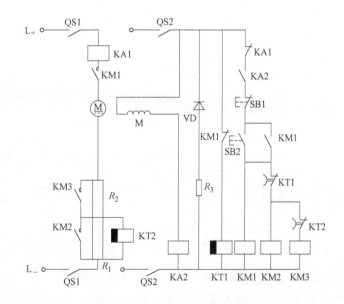

图 4-12　他励直流电动机电枢电路串联电阻起动控制电路

起动时合上电源开关 QS1 和 QS2。在按下起动按钮 SB2 以前，断电延时时间继电器 KT1 线圈已得电，其常闭触头 KT1 已断开。在电动机励磁电流正常后，KA2 的常闭触头闭合，为电动机的起动做好准备。按下 SB2 后，KM1 得电，主触头闭合，使电动机串联 R_1 和 R_2 起动，同时 KT1 断电释放并开始延时。由于起动电阻 R_1 上有压降，使 KT2 得电，其常闭触头断开。KT1 延时时间到，其延时闭合的常闭触头闭合，接通 KM2 的线圈电路，KM2 的常开触头闭合，断开起动电阻 R_1，电动机进一步加速。同时 KT2 线圈被短路，经过一定延时，其延时闭合的常闭触头闭合，接通接触器 KM3 的线圈电路，KM3 的常开主触头闭合，断开最后一段电阻 R_2，电动机再一次加速进入全压运转，起动过程结束。

过电流继电器 KA1 实现电动机过载保护和短路保护；欠电流继电器 KA2 实现电动机弱磁保护；电阻 R_3 与二极管 VD 构成电动机励磁绕组断开电源时的放电电路，以免产生过电压。

三、他励直流电动机正反转控制电路

由他励直流电动机的电磁转矩计算公式，即式（4-3）可知，他励直流电动机的电磁转矩由每极下的主磁通 Φ 和电枢电流 I_a 决定。故改变他励直流电动机旋转方向的方法有两种，一是保持励磁磁场方向不变（即每极下的主磁通 Φ 方向不变），改变电枢电流 I_a 的方向；二是保持电枢电流 I_a 的方向不变，改变励磁电流的方向，即改变每极下的主磁通 Φ 的方向。通过改变每极下的主磁通 Φ 的方向来改变电动机转向的过程较慢，故常采用改变电枢电流 I_a 的方式改变他励直流电动机的转动方向。

图 4-13 为他励直流电动机电枢反接法正反转控制电路。其控制原理如下：按下起动按钮 SB2 时，接触器 KM1 得电，主触头闭合，电动机电枢绕组接通电源，起动运转（设此时运转方向为正转），并由 KT1、KT2、KM3 和 KM4 控制电枢电路的电阻 R_1、R_2。前进至压下 ST2 时，KM1 线圈断电，KM2 线圈得电，电动机电枢绕组被反接。由于电动机本身的惯性，先进行反接制动，再反向起动。在这一过程中，KT1 线圈有一短时的得电，其常闭触头断开，使 KM3、KM4 线圈断电，保证电枢绕组在反接的过程中串联入电阻 R_1、R_2。

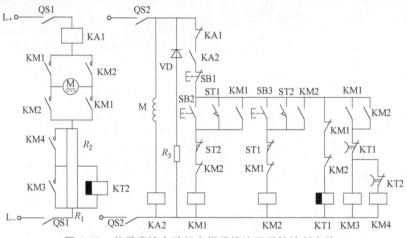

图 4-13　他励直流电动机电枢反接法正反转控制电路

在图 4-13 所示电路中采取了两个接触器 KM1、KM2 的联锁控制，避免了因起动按钮 SB1 和 SB2 的误操作而不能使电动机正常工作。KM3、KM4 为短接电枢电阻接触器，KA1 为过电流继电器，KA2 为欠电流继电器，R_1、R_2 为起动电阻，R_3 为放电电阻，ST1 为反向转正向行程开关，ST2 为正向转反向行程开关。

第四节　他励直流电动机的制动及其控制电路

知识目标	➤ 了解他励直流电动机制动时的机械特性。 ➤ 掌握他励直流电动机的制动控制电路的工作原理。
能力目标	➤ 能正确分析他励直流电动机制动控制电路的工作原理。 ➤ 能正确分析和判断他励直流电动机制动控制电路的电气故障，并排除其故障。

要点提示：

直流电动机的电气制动方式有能耗制动、电源反接制动、倒拉反接制动和回馈制动四种。其各种制动方式的原理和感应电动机的制动原理基本相同。

一、能耗制动时的机械特性及其控制电路

他励直流电动机能耗制动时，其电枢绕组应短路，并在电枢绕组中串联电阻，以限制制动电流和制动转矩，从而将制动强度限制在合理范围内，此时其励磁绕组保持不变，使电动机每极下的主磁通不变。当把电动机电枢绕组短路后，可以认为电枢电源电压为 0，故其理想空载转速为 0，电动机的机械特性过零点；又由于电枢绕组串联了一定的电阻，其机械特性变软，故能耗制动时电动机机械特性如图 4-14 所示。

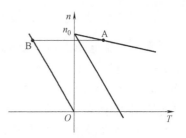

图 4-14　他励直流电动机能耗制动时的机械特性

制动开始时，电动机稳定运行在 A 点，制动开始后，工作点平移至 B 点，此时电动机的转速为正，由于电枢电压为 0，在电动机电枢反电动势的作用下，电枢电流方向与电动状态时相反，而此时每极下的主磁通方向不变，故电磁转矩方向和正向电动时相反，变为制动转矩。电动机转速将从 B 点沿特性曲线下降。在制动过程中，系统的机械能会转换为热能消耗掉。

图 4-15 所示是他励直流电动机单向旋转、串联二级电阻起动、能耗制动的控制电路。电路的动作过程如下：电动机起动时，先合上电源开关 QS1 和 QS2，按下起动按钮 SB2 时，接触器 KM1 得电，主触头闭合，使电动机串联电阻 R_1 和 R_2 起动，同时 KT1 断电释放开始延时，由于起动电阻 R_1 上有压降，使 KT2 得电，其常闭点断开。KT1 延时到，其延时闭合的常闭触头闭合，接通 KM2 的线圈电路，KM2 的常开触头闭合，切除起动电阻 R_1，电动机进一步加速，同时 KT2 线圈被短路，经过一定延时，其延时闭合的常闭触头闭合，接通接触器 KM3 的线圈电路，KM3 的常开主触头闭合，切除最后一段电阻 R_2，电动机再一次加

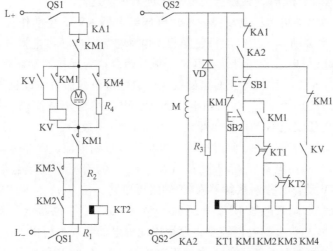

图 4-15　他励直流电动机单向旋转、串联二级电阻起动、能耗制动控制电路

速，进入全电压运转，起动过程结束。

制动时，按下停止按钮 SB1，KM1 线圈断电，其主触头断开电动机电枢电源，但电动机因惯性仍按原方向旋转，在保持励磁电流不变的情况下，电枢导线切割励磁磁场而产生感应电动势，使并联在电动机电枢两端的电压继电器 KV 经自锁触头仍保持通电。KV 常开触头闭合，使 KM4 线圈得电，其常开主触头将电阻 R_4 并联在电枢两端，电动机实现能耗制动，电动机转速迅速下降，电枢电动势也随之下降，当降至一定值时，KV 释放，KM4 线圈断电，电动机能耗制动结束。

二、电源反接制动时的机械特性及其控制电路

当他励直流电动机的电枢电压反向时（即正、负极调换时），电动机的电枢电流将反向，在励磁电流不变的情况下，电动机的电磁转矩将反向，从而产生制动效果。如图 4-16 所示，电动机在正向电动时工作在 A 点，制动开始后工作点平移至 B 点，转速从 B 点沿制动特性下降，待转速较低时应切断电源，否则会出现反向起动的情况。反接制动时电枢电路要串联电阻，使电动机的机械特性变软，从而限制制动强度。

如图 4-17 所示为他励直流电动机正反转、反接制动控制电路。其动作原理如下：合上电源开关 QK，励磁绕组得电并开始励磁，同时时间继电器 KT1 和 KT2 线圈得电，它们的延时闭合的常闭触头瞬时断开，接触器 KM4 和 KM5 线圈处于断电状态，时间继电器 KT2 的延时时间大于 KT1 的延时时间，此时电路处于准备工作状态。按下正向起动按钮 SB2，接触器 KM$_L$ 线圈得电，其主触头闭合，他励直流电动机电枢电路串联电阻 R_1 和 R_2 而减压起动，KM$_L$ 的常闭触头断开，时间继电器 KT1 和 KT2 断电，经一定的延时时间后，KT1 延时闭合的常闭触头先闭合，然后 KT2 延时闭合的常闭触头闭合，接触器 KM4 和 KM5 先后得电，即先后切除电阻 R_1 和 R_2，他励直流电动机进入正常运行。

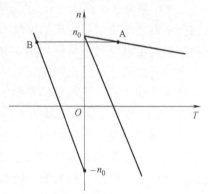

图 4-16 他励直流电动机反接制动时的机械特性

由于起动开始时电动机的反电动势为零，电压继电器 KV 不会动作，所以接触器 KM1、KM2（或 KM3）都不会动作，当电动机建立起反电动势后，电压继电器 KV 得电，其常开触头闭合，接触器 KM2 得电吸合并自锁，其常开触头闭合，为反接制动做好准备。图中 R_3 为反接制动限流电阻，R 为电动机停止时励磁绕组的放电电阻。假设电动机原来正转，按下停止按钮 SB1，则正向接触器 KM$_L$ 线圈断电，此时，电动机由于惯性仍按原方向高速旋转，反电动势仍较高，电压继电器 KV 不会释放，因而 KM$_L$ 释放后，KM1 线圈得电并自锁，同时 KM1 触头闭合，使接触器 KM$_R$ 瞬时得电，电枢通以反向电流，产生制动转矩。同时，在 R_3 上的常闭触头断开，使电动机在串联 R_3（R_1、R_2）的情况下反接制动。待转速降低到 KV 释放电压时，KV 动作，分断接触器 KM1 的线圈电路，使 KM1 的常闭触头又恢复闭合而短路 R_3，同时，反接制动接触器 KM2 和反向接触器 KM$_R$ 线圈也断电，为下次起动做好准备。图中 KM2、KM3 触头上的电流较小，使用中间继电器替代也可以。

反向起动运行及反接制动的动作过程与正向类似，读者可自行分析。

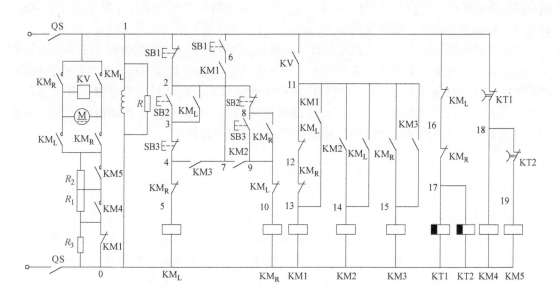

图 4-17 他励直流电动机正反转、反接制动控制电路

三、倒拉反接制动

他励直流电动机电枢绕组加正向电压时，如果在电枢绕组中串联较大的电阻，则其机械特性变得较软，在提升位能性负载时，其提升转矩不足，电动机会被迫反转，如图 4-18 所示，即出现倒拉反接制动状态。所串联电枢电阻较小时，电动机可能工作在正向电动状态。其控制电路与他励直流电动机串联电阻起动一样，只是所串联电阻的阻值更大。

四、回馈制动

与感应电动机一样，直流电动机也可能由于外加转矩而出现电动机转速高于理性空载转速的情况，如图 4-19 所示。电动机工作点由 A 点上升至 B 点，在 B 点时电动机产生的制动转矩和负载转矩一起与外加转矩平衡，电动机转速达到稳定，同时电枢电动势高于电枢电源电压，绕组内的电流与正向电动时相反，电动机把系统的动能转化为电能回馈给电网。制动

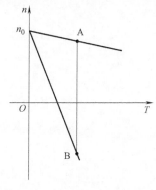

图 4-18 他励直流电动机倒拉
反接制动时的机械特性

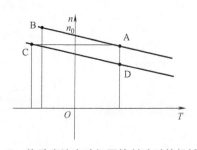

图 4-19 他励直流电动机回馈制动时的机械特性

结束后，电动机的工作点自动回到 A 点。此时的控制电路与正向电动的控制电路完全一致，其制动过程是由电动机自动完成的。

如果突然降低他励直流电动机电枢绕组的电压，则电动机的机械特性向下平移，由于电动机的转速不能突变，电动机的工作点由 A 点平移至 C 点，在 C 点时电动机电枢电流反向，电动机的电磁转矩也由 A 点时的拖动转矩转变为制动转矩，电动机的转速将下降，当负载转矩不变时，最后工作在 D 点，电动机的减速过程结束，同时把系统的动能转化为电能回馈给电网。降低电压常常通过电源控制电路实现，这里不再讲述。

小结

直流电动机的结构复杂，运行过程中存在较为强烈的电火花，因此故障率较高。但因其较好的机械特性可在要求较高的场合得到应用，随着异步电动机调速特性的改善，其应用场合逐渐减少。与异步电动机一样，直流电动机起动时也要限制起动电流和起动转矩，常用的方法是降低电枢电压或电枢电路串联电阻。直流电动机的调速方式有电枢电路串联电阻、降低电枢电压和减弱励磁磁场。直流电动机的制动方式与异步电动机相似，也有电枢电压反接制动、倒拉反接制动、能耗制动和回馈制动等方式。

习题

4-1 直流发电机和直流电动机的电枢电动势有什么区别？

4-2 怎样判断直流电动机处于电动状态还是发电状态？

4-3 他励直流电动机的机械特性指什么？什么是固有机械特性和人为机械特性？

4-4 他励直流电动机有哪几种调速方法？

4-5 设计他励直流电动机的既能实现电枢串联电阻二级起动又能实现能耗制动的控制电路，并叙述其工作原理。

4-6 直流电动机采用什么方法来改变转向？在控制电路上有什么特点？

4-7 直流电动机起动时，为什么要限制起动电流？限制起动电流常用哪几种方法？这些方法分别适用于什么场合？

4-8 直流电动机起动后，若仍未切除起动电阻，对电动机的运行会有什么影响？

第五章

单相异步电动机及控制电机

在电力拖动及其控制系统中，除了三相异步电动机和直流电动机以外，单相异步电动机、伺服电动机、测速发电机和步进电动机等也被广泛应用，本章主要介绍这些电动机的结构、工作原理及应用。

第一节　单相异步电动机

知识目标	➢掌握单相异步电动机的结构和工作原理。 ➢了解单相异步电动机的分类。 ➢掌握单相分相式异步电动机的起动方法。 ➢了解罩极式异步电动机的结构特点。
能力目标	➢能正确完成单相分相式异步电动机起动电路的连接。 ➢能实现单相分相式异步电动机的反转。

要点提示：

　　单相异步电动机的主绕组通以单相正弦交流电流时，会产生一个脉振磁场，却没有起动转矩，要使电动机能自行起动，在起动时必须设法在气隙中建立一个旋转磁场，常用的方法是分相式和罩极式。单相分相式异步电动机是在定子上放置两相对称绕组，通入两相电流，在气隙中形成圆形或椭圆形旋转磁场，其中又可以细分为电阻起动、电容起动、电容运行和电容起动运行四种方式。罩极式异步电动机使用短路环罩住小部分铁心，穿过短路环罩住部分的磁通滞后于未罩部分的磁通，由此在气隙中产生一个由未罩部分转向被罩部分的旋转磁场。

　　单相异步电动机由单相交流电源供电，具有结构简单、成本低廉、运行可靠以及维护方便等优点，被广泛应用于家用电器、医疗设备和小型机械中，如洗衣机、空调、电风扇、小型电动工具和小型车床等。本节主要讲述单相异步电动机的工作原理，并介绍其类型和起动方法。

一、单相异步电动机的工作原理

　　单相异步电动机和三相笼型异步电动机的结构相似，主要差别在于单相异步电动机的定子上装有单相绕组或两相绕组。接下来首先对单相单绕组（主绕组）异步电动机的磁场进行分析，当主绕组通以单相正弦交流电流时，会产生一个磁场，该磁场是一个脉振磁场，产生的磁通势是一个脉振磁通势。可以将脉振磁通势 F 分解成两个旋转磁通势 F_+ 和 F_-，如图 5-1 所示，这两个旋转磁通势旋转方向相反、旋转速度相等、大小相等且为脉振磁通势幅值的一半。F_+ 为与电动机旋转方向相同的正向旋转磁通势，F_- 为与电动机旋转方向相反的反向旋转磁通势。

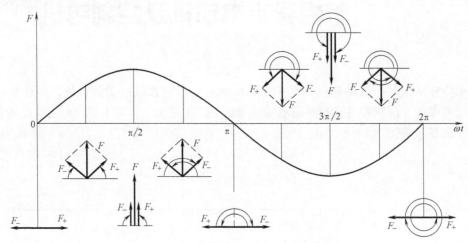

图 5-1　脉振磁通势分解成两个旋转磁通势

单相异步电动机的电磁转矩 T 由脉振磁通势 F 作用产生，是由正、反向旋转磁通势 F_+ 和 F_- 分别作用产生的电磁转矩 T_+ 和 T_- 合成，即 $T = T_+ + T_-$，其中 T_+ 为正向转矩，企图使转子正转，T_- 为反向转矩，企图使转子反转。

T_+ 和 T_- 与转差率的关系和三相异步电动机的情况相同，设电动机的转速为 n，对于正向旋转磁场，转差率 s_+ 为

$$s_+ = \frac{n_1 - n}{n_1} \qquad (5-1)$$

对于反向旋转磁场，转差率 s_- 为

$$s_- = \frac{-n_1 - n}{-n_1} = \frac{2n_1 - (n_1 - n)}{n_1} = 2 - s_+ \qquad (5-2)$$

故可得到单相异步电动机的机械特性 $T = f(s)$，如图 5-2 所示，由图可知：

1）当电动机转子静止不动时，$n = 0$，$s_+ = s_- = 1$，电磁转矩 T_+ 和 T_- 大小相等，方向相反，合成转矩 $T = T_+ + T_- = 0$，说明电动机没有起动转矩，转子不会转动，也就是说电动机不能自行起动。

2）若能使电动机转子转动起来，此时 $s \neq 1$，合成转矩 $T \neq 0$。当合成转矩大于负载转矩（$T > T_L$）时，电动机将加速至某一稳定转速。由此可见，单相单绕组异步电动机起动后，气隙中形成一个椭圆形旋转磁场，能使电动机持续转动，旋转方向为电动机起动时

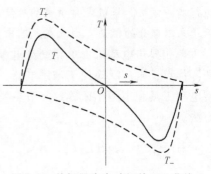

图 5-2　单相异步电动机的 T-s 曲线

的方向。

3）当电动机正向转动时，反向电磁转矩 T_- 起制动作用，当电动机反向转动时，正向电磁转矩 T_+ 起制动作用，使电动机合成转矩减小。因此，单相异步电动机的过载能力和效率等各种性能指标都低于同容量的三相异步电动机。

由以上分析可知，单相单绕组异步电动机虽然能保持运行，但是在起动时的起动转矩为零，不能自行起动，因此，单相异步电动机必须解决起动的问题。

二、单相异步电动机的分类及起动方法

单相单绕组异步电动机无法自行起动的根本原因是在气隙中产生的是一个脉振磁场，要使其能像三相异步电动机一样能够产生起动转矩从而自行起动，就要设法在起动时在气隙中建立一个旋转磁场，常用的方法是分相式和罩极式。

1. 分相式单相异步电动机

分相式单相异步电动机是在定子上放置两相对称绕组，分别为主绕组（工作绕组）和辅助绕组（起动绕组），两相绕组的参数相同，并在空间位置上相差 90°电角度。在两相对称绕组中通入两相电流，当两相电流对称时，即电流大小相等、相位相差 90°电角度，将在气隙中形成圆形旋转磁场。当两相电流不对称时，将在气隙中形成椭圆形旋转磁场。

单相异步电动机在起动时如果能产生圆形旋转磁场，电动机可以自行起动。如果产生的是椭圆形旋转磁场，电动机也可以自行起动，只是起动转矩较小。

（1）电阻起动电动机 电阻起动电动机的接线图如图 5-3a 所示，其中主绕组用较粗导线绕制，电阻值小；辅助绕组用细导线绕制，电阻值大，也可以在辅助绕组支路直接串联电阻。辅助绕组支路串联一个离心式开关 S，只在起动时接通电源，所以可以按短时工作制设计。

起动时主绕组和辅助绕组接入同一电源，由于两相绕组的阻抗不同，使得两绕组中的电流相位不同，辅助绕组电流 $\dot{I}_W$ 相位超前主绕组电流 $\dot{I}_U$ 相位 φ，φ 小于 90°，于是形成一个两相电流系统，如图 5-3b 所示。这个系统不能产生圆形旋转磁场，只能在气隙中产生一个椭圆形旋转磁场，所以起动转矩较小。电动机起动后，当转速升高到额定转速的 75%～80% 时，离心式开关 S 自动断开，辅助绕组支路与电源断开，主绕组单独工作，使电动机进入到稳定运行状态。

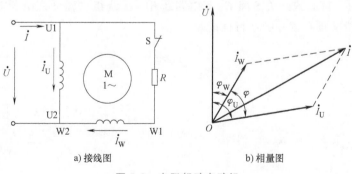

a) 接线图　　　　　　　　　b) 相量图

图 5-3　电阻起动电动机

a）接线图　b）相量图

（2）电容起动电动机　电容起动电动机的接线图如图 5-4a 所示，在辅助绕组支路中串联一个电容，使辅助绕组支路呈容性，于是电流 i_W 相位超前电压，主绕组支路呈感性，电流 i_U 相位滞后于电压，若电容值选择适当，则可使 i_W 相位超前 i_U 的相位 90°，如图 5-4b 所示。如此处理则电动机起动时会在气隙中产生一个接近于圆形的旋转磁场，从而产生一个较大的起动转矩。与电阻起动一样，当转速升高到一定数值时，离心式开关 S 将辅助绕组支路与电源断开，主绕组单独工作，使电动机进入到稳定运行状态。

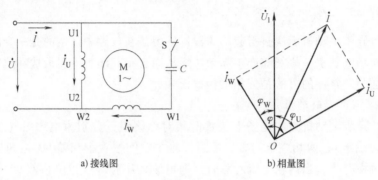

a）接线图　　　　　　　　　　b）相量图

图 5-4　电容起动电动机
a）接线图　b）相量图

（3）电容运行电动机　将电容起动电动机辅助绕组支路中的离心开关去掉，就形成了电容运行电动机，接线图如图 5-5 所示，其中辅助绕组和电容要按长期工作制设计。电容运转电动机实质上是一台两相电动机，若电容的电容量选择适当，在运行时气隙中会产生一个接近于圆形的旋转磁场，电动机的功率因数、效率和过载能力等性能指标都好于普通的单相异步电动机，运行性能较好。电容的电容量对电动机的起动和运行性能有较大影响，为保证电动机有较好的运行性能，与电容起动电动机相比，同容量的电容运转电动机的电容的电容量要小一些，因此起动转矩也变小，故起动性能逊于电容起动电动机。

（4）电容起动运行电动机　电容起动运行电动机接线图如图 5-6 所示，将两个电容并联后与辅助绕组串联，其中电容 C_1 为起动电容，其电容量大，起动时接入电路，C_2 为运行电容，其电容量较小，始终接在电路中。电动机起动时，两个电容器并联作为起动电容，电容量大，于是电动机获得较大的起动转矩，起动性能好。电动机起动后，当转速升高到额定转速的 75%~80% 时，离心式开关 S 将 C_1 与电路断开，主绕组、辅助绕组和电容量较小的 C_2 继续运行，电动机又具有较好的运行性能。

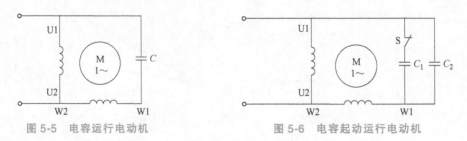

图 5-5　电容运行电动机　　　图 5-6　电容起动运行电动机

将分相式单相异步电动机的主绕组或辅助绕组的首末端对调，即可改变电动机的转向。

2. 罩极式单相异步电动机

罩极式单相异步电动机有凸极式和隐极式两种不同的磁极形式，下面以较为常见的罩极式凸极电动机为例进行介绍，如图 5-7 所示。罩极式单相异步电动机的定、转子铁心由 0.5mm 硅钢片叠压而成，定子凸极式铁心上安装单相集中绕组，为主绕组。在磁极的约 1/3 处开有一个小槽，将磁极分成大、小两部分，将小极部分套上一个短路环。转子绕组为笼型。

当定子绕组通以交流电流时，气隙中将产生一个脉振磁场，由于短路环的作用，根据楞次定律，

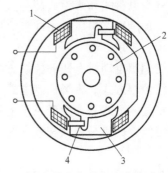

图 5-7　罩极式凸极单相异步电动机结构
1—绕组　2—转子　3—磁极　4—短路环

穿过短路环罩住部分的磁通会滞后于未罩部分的磁通，使磁场的中心线发生移动，相当于在气隙中产生一个由未罩部分转向被罩部分的旋转磁场，使电动机旋转起来。

罩极式单相异步电动机的转向与气隙中形成的旋转磁场方向一致，由于旋转磁场总是由未罩部分转向被罩部分，所以罩极式单相异步电动机的转向不能通过改变外部接线的方法来改变。

第二节　伺服电动机

知识目标	➤掌握交、直流伺服电动机的结构和工作原理。 ➤了解交、直流伺服电动机的控制方式。 ➤了解伺服电动机的应用。
能力目标	➤能正确描述直流伺服电动机电枢控制方式的机械特性和调节特性。 ➤能正确描述交流伺服电动机的三种不同控制方法。

要点提示：

伺服电动机分交流和直流两类，直流伺服电动机有电枢控制和磁场控制两种控制方式，电枢控制可获得线性的机械特性和调节特性，且电枢电路电感小、反应灵敏，所以自动控制系统中多采用电枢控制。交流伺服电动机有幅值控制、相位控制和幅-相控制三种控制方式，其中幅-相控制方式的控制电路简单，不用装移相器，并有较大的输出功率，在实际使用中最为广泛。

在自动控制系统中，伺服电动机作为执行部件将输入的控制信号转换为转轴的角位移或角速度输出，其特点是有控制信号时转子迅速转动，没有控制信号时转子立即停止转动。常用的伺服电动机根据使用电源不同，分为直流伺服电动机和交流伺服电动机。

一、直流伺服电动机

1. 直流伺服电动机的工作原理与控制方式

直流伺服电动机与普通直流电动机的结构相同，但它的容量和体积相对较小。按励磁方

式不同分为电磁式和永磁式两种类型，电磁式直流伺服电动机在磁极铁心上绕有励磁绕组，使用时需加励磁电源。永磁式直流伺服电动机的磁极由永磁铁制成，不需加励磁电源，因此结构简单，应用广泛。

直流伺服电动机有两种控制方式，分别为电枢控制和磁场控制，永磁式直流伺服电动机只有电枢控制方式。磁场控制方式是在电枢绕组上施加恒定的直流电压，励磁绕组接控制电压。电枢控制方式是在励磁绕组上施加恒定的直流电压，电枢绕组接控制电压。由于电枢控制可获得线性的机械特性和调节特性且电枢电路电感小、反应灵敏，所以自动控制系统中多采用电枢控制。

直流伺服电动机的电枢控制原理如图 5-8 所示，励磁绕组接恒定的直流电压 U_f，使其流过电流 I_f，并产生额定磁通 Φ。电枢绕组接控制电压 U_c，其内部产生电磁转矩，电动机转动。当控制电压 U_c 消失，电动机立即停止转动。

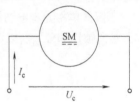

2. 直流伺服电动机的静态特性（电枢控制方式）

直流伺服电动机的静态特性包括机械特性和调节特性。

（1）机械特性　采用电枢控制方式时，直流伺服电动机的机械特性表达式与他励直流电动机改变电枢电压时的人为机械特性表达式相同，即

$$n = \frac{U_c}{C_e \Phi} - \frac{R_a}{C_e C_T \Phi^2} T \qquad (5\text{-}3)$$

图 5-8　直流伺服电动机
电枢控制原理图

上式表明，当控制电压 U_c 不变时，电动机的转速 n 与电磁转矩 T 为线性关系，当控制电压不同时，机械特性得到一组平行的直线，如图 5-9 所示。当控制电压 U_c 不变时，电动机转速越低，电磁转矩越大，控制电压升高时，电动机起动瞬间的起动转矩越大，越有利于电动机起动。

（2）调节特性　在直流伺服电动机的电磁转矩 T 一定时，电动机转速 n 与控制电压 U_c 之间的关系称为调节特性，如图 5-10 所示，由式（5-3）可知，当 T 和 Φ 为常数时，转速 n 和控制电压 U_c 为线性关系。当转矩 T 改变时，调节特性可得到一组平行的直线。在 T 一定时，控制电压 U_c 越高，转速也越高。调节特性曲线与横轴的交点称为始动电压，当负载一定时，控制电压 U_c 大于对应的始动电压，电动机开始转动，然后达到某一转速并稳定运行。控制电压 U_c 减小到小于对应的始动电压时，最大电磁转矩小于负载转矩，电动机停止转动。在负载转矩一定时，从坐标原点到始动电压这段区域称伺服电动机的失灵区。

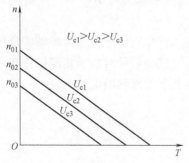

图 5-9　直流伺服电动机的机械特性

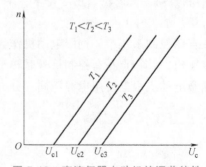

图 5-10　直流伺服电动机的调节特性

从以上分析可见，直流伺服电动机在电枢控制方式下运行时，机械特性和调节特性均是一组平行的直线，其线性度好、调速范围大、起动转矩大且无自转现象，伺服性能好。但存在电刷和换向器的接触电阻数值不够稳定的问题，对低速运行的稳定有一定影响。另外，电刷与换向器之间的火花有可能对控制系统产生有害的电磁波干扰。

二、交流伺服电动机

1. 交流伺服电动机的工作原理

交流伺服电动机结构类似单相异步电动机，分为定子和转子两大部分。其中定子铁心槽中放置空间相差90°电角度的两相绕组，一相是励磁绕组，另一相是控制绕组。

交流异步电动机的转子有两种结构形式，一种形式是笼型转子，与普通笼型异步电动机相似，为减小转子转动惯量，转子做的细而长。另一种形式是非磁性空心杯形转子，定子分内定子和外定子两部分，外定子安放空间相差90°电角度的两相绕组，内定子不放绕组，只作为磁路的一部分，空心杯形转子固定在转轴上，安装在内外定子之间。空心杯形转子转动惯量小、反应迅速且运行平稳。

交流伺服电动机工作原理如图 5-11 所示，两相绕组的轴线在空间相差90°电角度，其中 N_f 为励磁绕组，接至电压恒定的交流电源 $\dot{U}_f$，N_c 为控制绕组，接入控制电压 $\dot{U}_c$。

当伺服电动机起动时，励磁绕组和控制绕组接入相位相差90°的额定电压 U_{fN} 和 U_{cN}，气隙中产生一个旋转磁场，转子产生电磁转矩，当起动转矩大于负载转矩时，转子会沿旋转磁场方向转动。

交流伺服电动机要求在有控制电压时能够起动，在控制电压消失时能够立即停止转动，如果伺服电动机在控制电压消失后，励磁绕组电压不变，还像单相异步电动机一样继续转动，电动机将会失控，这种失控现象称为自转，而自动控制系统要求伺服电动机不能出现自转现象。

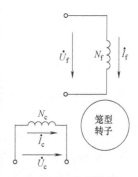

图 5-11　交流伺服
电动机原理图

出现自转现象是因为伺服电动机处于单相异步电动机的工作条件下，呈现如图 5-2 所示的合成的机械特性，当控制电压消失后，电动机的合成转矩 T 为正值，是拖动转矩，伺服电动机继续转动。由于异步电动机的临界转差率 s_m 随转子电阻的增大而成比例地增大，因此把电动机的转子电阻增大到足够大时，使临界转差率 $s_m \geq 1$，则合成转矩 T 为负值，成为制动转矩，使电动机迅速停止，就不会有自转现象。同时，增大转子电阻还可以增大电动机的稳定进行范围，使电动机的机械特性更接近于线性关系。

2. 交流伺服电动机的控制方式

对于两相交流伺服电动机，若在励磁绕组和控制绕组上分别加以两个大小相等、相位差90°的电压，就会在气隙中产生一个圆形旋转磁场。当控制电压的大小或者相位改变时，圆形旋转磁场即变为椭圆形旋转磁场，电磁转矩也随之改变，从而实现电动机调速。因此，交流伺服电动机的控制方式有幅值控制、相位控制和幅-相控制三种。

（1）幅值控制　幅值控制的接线图如图 5-12 所示，幅值控制是保持控制电压与励磁电压相位相差90°不变，通过改变控制电压的大小，调节电动机转速。

（2）相位控制　相位控制的接线图如图 5-13 所示，相位控制是保持控制电压的幅值不变，通过改变控制电压与励磁电压的相位差，调节电动机转速。

（3）幅-相控制 幅-相控制的接线图如图 5-14 所示，可将励磁绕组串联电容，同时改变控制电压的幅值和控制电压与励磁电压的相位差，调节电动机转速。

3. 交流伺服电动机的控制特性

交流伺服电动机的静态运行性能可以用机械特性和调节特性来表示，机械特性描述的是控制电压在某一定值时，电磁转矩和转速之间的关系。调节特性描述的是电磁转矩在某一定值时，转速和控制电压之间的关系。

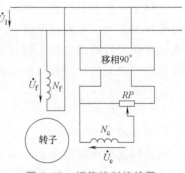

图 5-12 幅值控制接线图

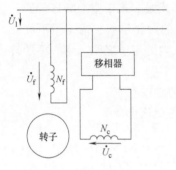

图 5-13 相位控制接线图

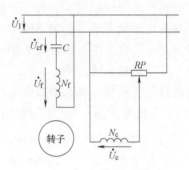

图 5-14 幅-相控制接线图

因为电磁转矩和转速的关系比较复杂，所以在 α_e 为某一定值时，对机械特性进行分析，α_e 为有效信号系数。调节特性可以由机械特性通过作图法得到。

在幅值控制方式中，设定有效信号系数 $\alpha_e = U_c / U_f'$，其中 U_f' 为折算到控制绕组的励磁电压。当有效信号系数 $\alpha_e = 1$ 时，气隙中磁场为圆形旋转磁场，此时电动机的转速最大。当有效信号系数 $\alpha_e < 1$ 时，气隙中磁场为椭圆形旋转磁场，随着 α_e 减小，椭圆程度增大，电动机转速降低，当 α_e 降到 0 时，控制电压为 0，电动机停转。机械特性和调节特性如图 5-15 所示，图中 T^* 为输出转矩与起动转矩之比，n^* 为转速与理想空载转速之比，通过调节特性可以看出转

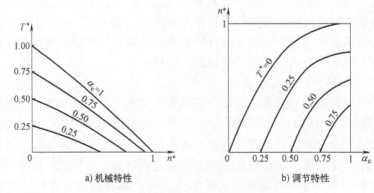

图 5-15 幅值控制的机械特性和调节特性

a）机械特性 b）调节特性

速随控制电信号的变化情况，其关系不是线性的，但在转速和 α_e 都较小时接近于线性。

在相位控制方式中，有效信号系数 $\alpha_e = U_c \sin\beta / U_f'$，其中 β 为控制电压滞后于励磁电压的电角度。在相位控制时，控制电压幅值不变，即 $U_c = U_f'$，所以 $\alpha_e = \sin\beta$。当 β 为 90° 时，有效信号系数 $\alpha_e = 1$，气隙中磁场为圆形旋转磁场，电动机的转速最大。当 $\beta < 90°$ 时，有效信号系数 $\alpha_e < 1$，气隙中磁场为椭圆形旋转磁场，随着 β 减小，椭圆程度增大，电动机转速降低，当 $\beta = 0°$ 时，控制电压与励磁电压同相，气隙中磁场为脉振磁场，电动机停转。相位控制时的机械特性和调节特性与幅值控制时的相似。

在幅-相控制方式中，通过调节控制电压的幅值改变电动机转速时，控制电压与励磁电压的相位也发生了变化，所以这是一种复合控制方式。当控制电压降为 0 时，电动机停转。幅-相控制的机械特性和调节特性的线性度不如前面两种控制方式好。但幅-相控制方式的控制电路简单，不用装设移相器并有较大的输出功率，因此在实际使用中最为广泛。

三、伺服电动机的应用

伺服电动机在自动控制系统中作为执行部件，能按照控制信号的要求，对功率进行放大、变换与调控等处理，对驱动装置输出的转矩、速度和位置控制非常灵活方便。因此，在机床、测量仪器、工业机器人、医疗和办公设备等方面有广泛应用。

下面简要介绍直流伺服电动机在电子电位差计中的应用，电子电位差计常用于工业生产中加热炉的温度测量，如图 5-16 所示，这是一个闭环自动测温系统，其执行部件为伺服电动机。它的工作原理是：测量温度时，将热电偶置于炉膛中，热电偶产生与温度对应的热电动势，进行补偿和放大后得到与温度成正比的热电压 E_t，E_t 与工作电源 U_g 经变阻器的分压 U_R 比较，得到误差电压 ΔU，$\Delta U = E_t - U_R$。若 E_t 大于 U_R，即 ΔU 为正时，放大后得到的控制电压 E_c 为正，伺服电动机正转，经变速机构带动变阻器和温度指示器指针沿顺时针方向偏转，指示炉温升高，此时变阻器的分压 U_R 也会升高，误差电压 ΔU 减小。当伺服电动机旋转至使 $U_R = E_t$ 时，ΔU 变为零，控制电压 E_c 也为零，伺服电动机停止转动，温度指示器指针就会停在某对应位置上，指示出相对应的炉温。若 E_t 小于 U_R，即 ΔU 为负时，控制电压 E_c 也为负，电动机将反转，带动变阻器及温度指示器指针逆时针方向偏转，指示炉温降低，变阻器的分压 U_R 减小，直至 ΔU 为零，电动机停止转动，指示出相对应的炉温。

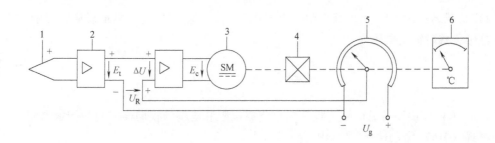

图 5-16　电子电位差计电路原理图

1—热电偶　2—放大器　3—直流伺服电动机　4—变速机构　5—变阻器　6—温度指示器

第三节　测速发电机

知识目标	➢掌握直流测速发电机的结构和工作原理。 ➢掌握交流测速发电机的结构和工作原理。
能力目标	➢能正确分析直流测速发电机输出误差产生原因并改进。

要点提示：

在自动控制系统中，测速发电机作为测速装置将输入的机械转速变换为电压信号输出。常用作测速部件、解算部件、校正部件和角加速度信号部件。自动控制系统对测速发电机的基本要求是：①输出电压与转速呈线性关系；②输出特性具有高灵敏度，即输出特性的斜率要大；③转动惯量要小，反应速度要快；④稳定性好，输出特性受外界条件变化影响小。根据测速发电机输出电压的不同，可分为直流测速发电机和交流测速发电机两种。

一、直流测速发电机

1. 直流测速发电机的工作原理和输出特性

直流测速发电机的结构与普通小型直流发电机相同，有电磁式和永磁式两种不同的励磁方式。永磁式测速发电机的定子由永磁铁制成，具有结构简单，不需励磁电源，且具有受温度影响变化小等特点，因此应用广泛。

直流测速发电机的工作原理和直流发电机相同，工作原理图如图 5-17 所示，发电机在恒定磁场中以转速 n 旋转时，电枢绕组产生空载电动势为

$$E_a = C_e \Phi n \tag{5-4}$$

式中，C_e 为电动势常数；Φ 为常数。

1）空载运行时，电枢电流 $I_a = 0$，输出电压与空载电动势相等，所以输出电压与转速成正比。

2）负载运行时，R_L 为负载电阻，电枢电流 $I_a = U/R_L$，若忽略电枢反应的影响，直流测速发电机负载时输出电压为

$$U = E_a - I_a R_a = E_a - \frac{U}{R_L} R_a \tag{5-5}$$

式中，R_a 为电枢回路的总电阻，包括电枢绕组电阻和电刷与换向器之间的接触电阻。

将式（5-5）代入式（5-4）中，整理可得

$$U = \frac{C_e \Phi}{1 + R_a/R_L} n \tag{5-6}$$

当 R_a、R_L 和 Φ 为常数时，输出电压 U 与转速 n 成正比，输出特性为线性。当改变负载电阻 R_L 时，输出特性的斜率也随之改变，R_L 越大斜率越大。输出特性如图 5-18 所示。

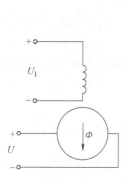

图 5-17　直流测速发电机工作原理图

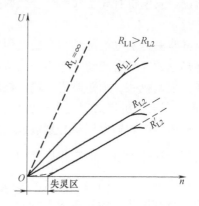

图 5-18　直流测速发电机的输出特性

2. 产生误差的原因和改进方法

在实际使用中，直流测速发电机在运行时会由于某些原因引起 R_a、R_L 和 Φ 的变化，产生误差，使输出电压与转速不能保持严格的线性关系。

（1）电枢反应去磁作用的影响　当直流测速发电机负载运行时，电枢电流引起电枢反应的去磁作用，使发电机气隙磁通 Φ 减小。若转速一定时，当负载电阻越小时，电枢电流就越大；当负载电阻不变时，当转速越高电动势就越大，电枢电流也就越大，它们都使电枢反应的去磁作用增强，使 Φ 及输出电压 U 减小，并使输出特性曲线向下弯曲，输出电压和转速的线性误差加大，如图 5-18 所示，当转速很高时，输出特性变为非线性。

为了改善输出特性，必须减小电枢反应去磁作用的影响。所以在使用直流测速发电机时，转速不得高于最大线性工作转速，负载电阻 R_L 不得小于最小负载电阻；对于电磁式直流测速发电机，还可以在定子磁极上安装补偿绕组来减小误差。

（2）电刷接触电阻非线性的影响　在实际使用中，电枢回路总电阻中包括的电刷与换向器之间的接触电阻是非线性的，不是常数，随负载电流变化而变化。在发电机转速较低时，相应的电枢电流较小，而接触电阻较大，电刷压降较大，这时测速发电机虽然有输入信号（转速），但输出电压却很小，因而在输出特性上有一个失灵区，会引起线性误差，如图 5-18 所示。

为了减小电刷接触电阻非线性的影响，减小失灵区，直流测速发电机常选用接触压降较小的金属-石墨电刷。

（3）温度的影响　电磁式直流测速发电机会由于励磁绕组长期通电而发热，导致电阻相应增大，引起励磁电流、磁通 Φ 和输出电压减小，造成线性误差。

为了减小由温度变化引起的磁通 Φ 变化，在设计直流测速发电机时使磁路处于足够饱和状态。同时可在直流测速发电机的励磁回路中串联一个温度系数很小、电阻值比励磁绕组的内阻大 3~5 倍的用锰白铜或锰铜材料制成的电阻。但上述措施会使励磁功率增大，加大励磁损耗。

二、交流测速发电机

交流测速发电机有异步式和同步式两类，其中交流异步测速发电机在自动控制系统中应用较为广泛。

交流异步测速发电机的结构与交流伺服电动机的结构相同。交流异步测速发电机转子采用空心杯形结构，具有转动惯量小、灵敏度高和稳定性好等特点，因此被广泛应用。在小号机座的测速发电机中，励磁绕组和输出绕组全部嵌放在内定子铁心槽内，两相绕组空间相差90°电角度。在大号机座的测速发电机中，为了便于调节内、外定子间的相对位置，减小剩余电压，励磁绕组和输出绕组分别嵌放在外定子和内定子上。

交流异步测速发电机的工作原理如图 5-19 所示。将电压和频率恒定的单相交流电源 $\dot{U}_1$ 接于励磁绕组 N_1，输出绕组 N_2 输出电压 $\dot{U}_2$ 与转速大小成正比。在频率为 f_1 的励磁电压作用下，励磁绕组中便有励磁电流 I_f 流过，在气隙中产生脉振磁场，称为直轴（d 轴）磁场，与电源频率相同。

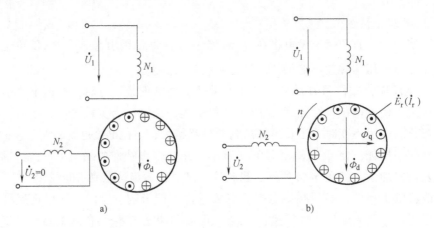

图 5-19   交流异步测速发电机工作原理图

a）转子不转时   b）转子转动时

当 $n = 0$，即转子不动时，励磁绕组与空心杯形转子之间的电磁关系和变压器二次侧短路时一样，励磁绕组相当于变压器的一次侧绕组，空心杯形转子（看作是无数根并联导条组成的笼型转子）则相当于短路的二次侧绕组。此时，测速发电机气隙中以频率为 f_1 的脉振磁场的轴线与励磁绕组轴线重合，并垂直于输出绕组的轴线（q 轴）。d 轴的脉振磁场只能在空心杯转子中感应出变压器电动势，由于转子是闭合的，这一变压器电动势将产生转子电流，根据楞次定律可以判断电流方向，如图 5-19a 所示。感应电流产生的磁通和励磁绕组产生的磁通方向相反，所以合成磁通仅为沿 d 轴的磁通 $\varPhi_d$，如图 5-19a 所示。输出绕组轴线（q 轴）与励磁绕组轴线（d 轴）空间位置相差90°电角度，q 轴与 d 轴磁通没有耦合关系，输出绕组不产生感应电动势，输出电压为零，即 $n = 0$，$\dot{U}_2 = 0$。

当 $n \neq 0$，转子旋转时，空心杯形转子在感应变压器电动势时，还会因空心杯形转子切割磁通 $\varPhi_d$，在转子中感应产生一旋转电动势 E_r，其方向可以用右手定则确定，如图 5-19b 所示。其有效值为

$$E_r = C_r \Phi_d n \tag{5-7}$$

式中，C_r 为电动势常数。

通过旋转电动势 E_r 的作用，转子绕组中将产生频率为 f_1 的交流电流 I_r。由于空心杯形转子的转子电阻很大，远大于转子电抗，所以 I_r 和 E_r 基本同相位，如图 5-19b 所示。I_r 将产生交变磁通 Φ_q，Φ_q 的大小与 I_r 及 E_r 的大小成正比。

Φ_q 的轴线与输出绕组轴线（q 轴）重合，Φ_q 在输出绕组中产生频率为 f_1 的感应电动势 E_2，其有效值为

$$E_2 = 4.44 f_1 \Phi_q N_2 K_{N2} \tag{5-8}$$

式中，N_2 为输出绕组匝数；K_{N2} 为输出绕组的绕组系数。所以感应电动势 E_2 与磁通 Φ_q 成正比，又因为 Φ_q 正比于 I_r 及 E_r，而 E_r 正比于 n，所以输出电动势 E_2 正比于 n，频率也为 f_1。

在理想状况下，根据输出绕组的电动势平衡方程式，测速发电机输出电压信号幅值 U_2 也应正比于转速 n，输出特性为线性。输出电压信号频率为 f_1，与转速大小无关，使负载阻抗不随转速的变化而变化，因而被广泛应用于控制系统。

当转子反转时，转子中的旋转电动势 E_r、电流 I_r 及其所产生的磁通 Φ_q 的相位都反相，所以输出电压的相位也反相。

在以上分析中忽略了励磁漏阻抗和转子漏阻抗等因素的影响，所以实际上交流异步测速发电机的输出电压与转速并不是严格的线性关系，存在一定的误差。

第四节　步进电动机

知识目标	➢掌握反应式步进电动机的结构和工作原理。 ➢掌握三相反应式步进电动机的工作方式。
能力目标	➢能正确控制反应式步进电动机。

要点提示：

步进电动机又称为脉冲电动机，它能将电脉冲信号转换成相应角位移或直线位移。当定子绕组输入一个电脉冲信号时，转子就会转过一个角度或前进一步，当输入连续的电脉冲信号时，转子就会转过与脉冲数相等的角度或步数。转子转速与输入的电脉冲信号频率成正比。

步进电动机在自动控制装置中作为执行部件，具有精度高，运行可靠的特点，广泛地应用于数字控制系统中，如数控机床、数-模转换装置、自动记录仪、计算机外围设备、工业自动化生产线和印刷设备等。

步进电动机的种类较多，根据励磁方式的不同可分为反应式（也称磁阻式）、永磁式和混磁式三种；按相数可分为两相、三相和四相等。其中反应式步进电动机应用较为普遍，下面以三相反应式步进电动机为例予以介绍。

一、三相反应式步进电动机的工作原理

图 5-20 所示为三相反应式步进电动机的结构，它分为定子和转子两部分，定、转子铁心均由硅钢片叠成。定子上均匀分布六个磁极，每两个对向磁极组成一相励磁绕组，共有三相励磁绕组，构成星形联结。转子铁心均匀分布四个齿，齿宽等于定子极靴宽度，转子上没有绕组。

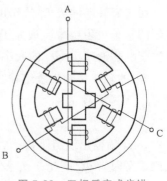

图 5-20 三相反应式步进
电动机结构示意图

三相反应式步进电动机的工作原理如图 5-21 所示，因为磁通总是通过磁阻最小路径闭合，所以在控制信号切换导致磁力线扭曲时，产生的切向分力生成磁阻转矩，使转子转动。

三相反应式步进电动机有三种运行方式，分别为三相单三拍、三相双三拍和三相单双六拍运行方式。其中，"三相"是指步进电动机定子相数；"单"是指每次仅对一相绕组通电；"双"是指每次给两相绕组同时通电；"三拍"是指一个循环通电状态切换三次，第四次通电状态与第一次相同。

如图 5-21 所示为三相反应式步进电动机单三拍运行方式。首先对 A 相绕组通电，B、C 两相绕组断电时，气隙中产生一个以 A 相绕组 AA$_1$ 为轴线的磁场，在磁阻转矩作用下，转子转动，转子 1、3 齿与 A 相绕组轴线 AA$_1$ 对齐，如图 5-21a 所示，此时，如果不改变通电状态，转子不受切向力作用将保持静止不动。当对 B 相绕组通电，A、C 两相绕组断电时，气隙中产生一个以 B 相绕组 BB$_1$ 为轴线的磁场，在磁阻转矩作用下，转子转动，转子 2、4 齿与 B 相绕组轴线 BB$_1$ 对齐，如图 5-21b 所示，转子按逆时针方向在空间转过 30°电角度，此时，通电状态变换了一次称为一拍，第一拍转子转过的角度称为步距角。同样原理，当对 C 相绕组通电，A、B 两相绕组断电时，转子又按逆时针方向转过 30°电角度，如图 5-21c 所示。由以上分析可知，如果三相绕组按 A-B-C-A 的顺序轮流通电，转子就会按逆时针方向一步一步转动，如果改变控制脉冲的频率，也就是定子三相绕组通电状态变换的频率，转子的转速随之改变，频率越高则转速越快。如果按 A-C-B-A 的顺序轮流通电，则转子反向转动。但由于这种通电方式每次只给一相绕组通电，容易使转子在平衡位置附近产生摆动，影响运行稳定性，所以在实际应用中很少使用。

三相双三拍运行方式是每次给两相绕组通电，即按 AB-BC-CA-AB 顺序轮流通电，运行原理与单三拍运行方式相同，步距角也相同，都为 30°，由于变换通电状态时始终有一相绕组保持通电，所以转子不会产生摆动，运行稳定可靠。

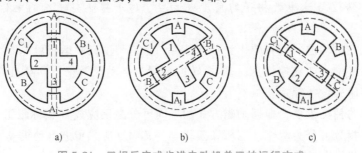

a)　　　　　　　　　　b)　　　　　　　　　　c)

图 5-21 三相反应式步进电动机单三拍运行方式

三相单双六拍运行方式的通电顺序为 A-AB-B-BC-C-CA-A，单相通电与两相通电交替运行，每一循环通电状态变换六次，称为六拍。当 A 相通电时，转子 1、3 齿与 A 相绕组轴线 AA_1 对齐，如图 5-22a 所示。当 A 相和 B 相同时通电时，转子在磁阻转矩作用下沿逆时针方向在空间转过 15° 电角度，如图 5-22b 所示。当 B 相绕组通电时，转子又逆时针转过 15°，如图 5-22c 所示。依次类推，转子每拍转过 15° 电角度，步距角比单三拍和双三拍运行方式减小了一半。

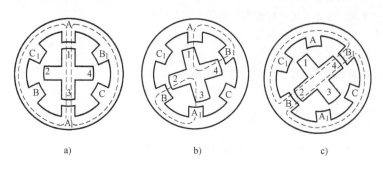

a)　　　　　　　　　　b)　　　　　　　　　　c)

图 5-22　三相反应式步进电动机单双六拍运行方式

三相单双六拍运行方式与双三拍一样，变换通电状态时始终有一相绕组保持通电，保证了运行的可靠性和稳定性，因此在实际使用中应用广泛。

二、步进电动机的应用

步进电动机具有控制灵活、运行可靠、误差不会长期累积且适于数字控制等优点，而广泛应用于数控加工设备、自动化生产线、自动化控制仪表、计算机与办公自动化设备以及家用电器中。

如在针式打印机中，在控制电路的控制下，字车步进电动机通过传动装置将步进电动机的转动变为字车的横向移动，载有打印头的字车沿水平方向的横轴左右移动，将打印头移动到需要打印的位置。走纸步进电动机通过牵引机构将步进电动机的转动转变为纵向走纸移动，当打印完一行后，走纸换行。

小结

单相异步电动机在家用电器上得到广泛应用，但单相绕组自身没有起动力矩，必须采取措施（辅助绕组）才能起动，其运行过程中的故障也多出现在辅助绕组回路中，如起动电容的损坏。伺服电动机在自动控制系统中作为执行部件，能按照控制信号的要求，对功率进行放大、变换与调控等处理，对驱动装置输出的转矩、速度和位置控制非常灵活方便。因此，在机床、测量仪器、工业机器人、医疗和办公设备等方面广泛应用。测速发电机不同于速度继电器，速度继电器根据转速通断，其输出只有通、断两种状态，但测速发电机输出的电压与转速成正比。步进电动机依据输入的控制信号而动作，可以理解为每输入一个驱动信号则电动机走一步。

习题

5-1　单相异步电动机为什么不能自行起动？

5-2　单相异步电动机按起动及运行方式不同可分为哪几类？

5-3　单相分相式异步电动机转向如何改变？

5-4　直流伺服电动机有哪几种控制方式？

5-5　什么是交流伺服电动机的自转现象？如何消除这种现象？

5-6　交流伺服电动机有哪几种控制方式？各有什么特点？

5-7　测速发电机的作用是什么？

5-8　简述直流测速发电机的基本工作原理和产生误差的原因。

5-9　步进电动机的作用是什么？

5-10　如何控制步进电动机的转速及转向？

5-11　什么是步进电动机的步距角？

5-12　什么是步进电动机的单三拍、双三拍和单双六拍工作方式？

实训工作页

实训一　三相异步电动机的可逆运行

一、实训目标

1. 理解可逆运行电路的工作原理，重点理解联锁的概念。
2. 掌握可逆运行控制线路连接方法。
3. 掌握正确布线方法和线号编法。

二、实训复习

1. 如何改变三相异步电动机的转向？
2. 自锁和联锁的概念。
3. 如何实现自锁和联锁？

三、实训设备

实训设备见表 S-1。

表 S-1　实训设备

序号	型号	名称	数量
1	MEC01	电源控制屏	1 套
2	MEC02	实训桌	
3	MEC33	开关与电力电容组件	1 件
4	MEC51	继电接触控制组件(1)	1 件
5	MEC52	继电接触控制组件(2)	1 件
6	DJ16	三相笼型异步电动机	1 台

注：MEC01 等是杭州天煌教仪有限公司研制的非标设备模块，国内大多高职院校在使用，功能相同的其他模块也可满足实验要求。

四、实训过程

1. 电路分析

接触器联锁的正反转控制电路如图 S-1 所示，其中 KM1 是正转接触器，KM2 为反转接触器。其动作原理为：合上开关 QS，按下 SB1，KM1 线圈得电，交流接触器 KM1 主触头闭合，电动机正转起动，交流接触器 KM1 常开辅助触头闭合自锁，松开 SB1，电动机继续运行。此时按下 SB2，由于 KM1 辅助常闭触头断开（联锁概念），KM2 线圈不能得电工作。只有先按下停止按钮 SB3，使 KM1 线圈断电，自锁触头断开，联锁触头恢复闭合，此时再按下 SB2 按钮，KM2 线圈才能得电，电动机完成反向起动并自锁，反方向连续工作。同样道理，由于 KM2 辅助常闭触头的联锁，此时 KM1 的线圈也无法得电，保证两台接触器不会同时工作。

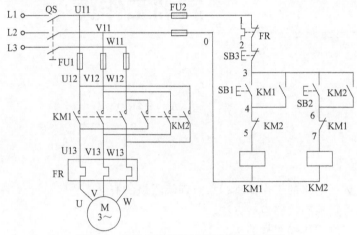

图 S-1　接触器联锁正反转运行控制电路

电路布线如图 S-2 所示。

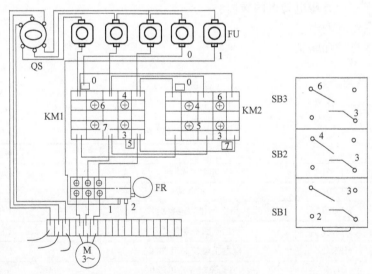

图 S-2　正反转运行电路布线图

2. 操作过程

按照图 S-1 所示的电气原理图完成电路的接线及调试工作。

五、注意事项

1. 严格执行安全操作规范。

2. 正确使用相应工具以及实训仪器。

六、思考与练习

1. 如果没有联锁控制，KM1 和 KM2 可能同时工作，会造成什么后果？

2. 电路连接完毕，正式供电前，应如何检验电路连接是否正确？

3. 本实训电路为接触器互锁正反转运行电路，正反转控制不能直接切换，必须先停电，解除联锁后，才能切换。若要求能够实现直接切换，可以采用按钮（机械联锁）、接触器（电气联锁）双重联锁的正反转运行控制电路。双重联锁的正反转运行控制电路如图 S-3 所示。这种电路兼有两种联锁控制电路的优点，线路操作方便，工作安全可靠，广泛用于电力拖动系统中。可以按图 S-3 所示接线，并观察正反转切换的过程。

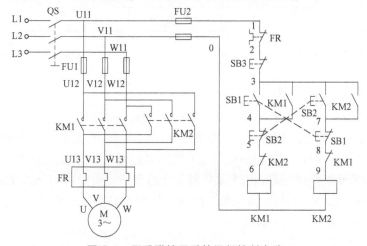

图 S-3　双重联锁正反转运行控制电路

实训二　三相异步电动机的丫-△减压起动

一、实训目的

1. 理解丫-△（星-三角）联结减压起动的工作原理。
2. 掌握丫-△联结减压起动控制电路的连接方法。
3. 掌握正确布线方法和线号编法。
4. 掌握时间继电器的用法。

二、实训复习

1. 为何要进行减压起动？
2. 什么情况下适合使用丫-△联结减压起动？
3. 如何实现三相异步电动机定子绕组的星形和三角形联结？

三、实训设备

实训设备见表 S-2。

表 S-2　实训设备

序号	型号	名称	数量
1	MEC01	电源控制屏	1 套
2	MEC02	实训桌	
3	MEC22	交流电流表	1 件
4	MEC23	交流电压表	1 件
5	MEC33	开关与电力电容组件	1 件
6	MEC51	继电接触控制组件(1)	1 件
7	MEC52	继电接触控制组件(2)	1 件
8	DJ16	三相笼型异步电动机	1 台

四、实训过程

1. 电路分析

时间继电器控制的Y-△联结减压起动控制电路如图 S-4 所示,其中 KM1、KM2 和 KM3 为交流接触器,KT 为时间继电器。电路的工作原理如下:先合上电源开关 QS,按下起动按钮 SB2,接触器 KM1、KM3 和时间继电器 KT 线圈同时得电,其中 KM3 的主触头闭合,把电动机绕组接成星形联结并起动。当电动机转速上升到一定值时,KT 延时也结束,KT 常闭触头断开,KM3 断电,KT 的延时闭合触头闭合,接通 KM2,电动机绕组被接成三角形联结运行。当 KM2 得电后,KT 线圈也断电。

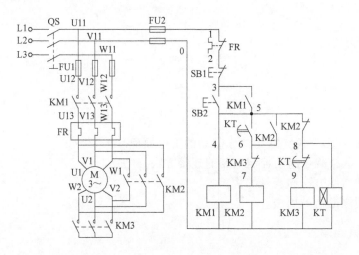

图 S-4　时间继电器自动控制的Y-△联结减压起动控制电路

电路布线图如图 S-5 所示。

2. 操作过程

一般要求按照图 S-5 所示的电路原理图来完成Y-△联结减压起动控制电路的接线及调试工作。

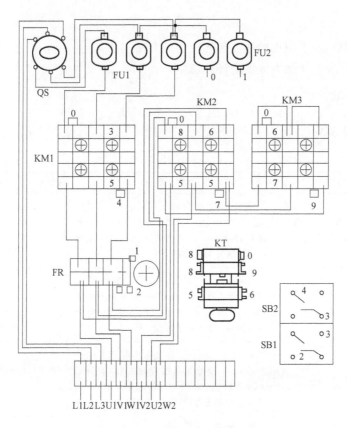

图 S-5 丫-△联结减压起动控制电路布线图

五、注意事项

1. 严格执行安全操作规范。
2. 正确使用相应工具以及实训仪器。

六、思考与练习

1. 采用丫-△联结减压起动电路，定子绕组为星形联结时和直接采用三角形联结时，起动电压、起动电流和起动转矩的大小关系是怎样的？说明该起动方法适用的场合。

2. 电路连接完毕，正式供电前，应如何检验电路是否正确？

实训三 使用 ATV340 变频器控制异步电动机做速度闭环控制

一、实训目标

学会使用变频器带动异步电动机通过编码器做闭环控制的方法，同时感受闭环矢量控制和开环矢量控制的区别。

二、实训复习

1. 变频器带动异步电动机做速度闭环控制的意义。
2. 如何实现异步电动机做速度闭环控制?

三、实训设备

实训设备见表 S-3。

表 S-3　实训设备

序号	名称	参数或型号	数量	备注
1	安装有 RS422 编码器的异步电动机	额定功率为 0.75kW, 额定电压为 380V, 额定电流为 2.1A, 额定频率为 50Hz, 额定转速为 1380r/min; 恒转矩范围为 3~50Hz, 恒功率范围为 50~100Hz	1	
2	编码器	电源电压 5V, RS422 兼容差分输出, 信号引出端子为 A+/A-/B+/B-, 每转脉冲数为 1024。可带有 A+/Z-信号但不使用。输出引线为 6 芯或 8 芯屏蔽线	1	建议编码器由电动机厂家提供并安装好, 以确保编码器安装的可靠性和同轴度
3	变频器	ATV340U15N4E(额定电源电压为三相 380~480V, 额定输出电流为 2.3A, 自带以太网接口(Ethernet IP 或 Modbus TCPL 协议), 自带编码器接口)	1	
4	开关	带自锁功能钮子开关	5	
5	电位器	模拟量给定用高精度多圈电位器	1	
6	基本文本操作终端或高级图形操作终端	VW3A1113(VW3A1111)	1	
7	编码器接口接驳用连接器	SUB-D15	1	
8	进线断路器	三相,额定电流大于 10A 即可	1	
9	变频器进线电缆	三相,额定电流大于 10A 即可	1	
10	电动机电缆	三相,额定电流大于 10A 即可	1	
11	自制编码器接口电缆	见注意事项	1	
12	网线		1	

四、实训过程

1. 接线

按图 S-6 所示接线,包括动力线和控制线以及编码器线。观察电动机端盖上的接线说明,将电动机接 380V 电源,否则电动机将不能正常工作。确保编码器电缆的屏蔽层在电动机侧和变频器侧分别接到电动机地和变频器地。

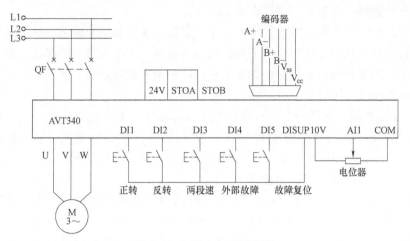

图 S-6　实训三电气原理图

图中 ATV340 为变频器，M 为异步电动机，L1、L2 和 L3 为电源相线，QF 为进线断路器，AI1 处为频率给定电位器，DI1 为正转命令，DI2 为反转命令，DI3 为两段速切换，DI4 用于触发外部故障，DI5 用于故障复位。

2. 基本设置

1）上电，从操作面板上观察变频器的状态，左上角应显示"rdy"，即处于就绪状态。在"我的偏好"菜单中选择日期/时间设置，设置当前的日期和时间。

2）在"简单起动"菜单中，按照电动机铭牌设置电动机的额定参数；设置允许运行的最大输出频率、上限频率及下限频率，适当设置加速时间和减速时间，体会最大输出频率和上线频率的关系。

3）执行电动机参数自整定，观察电动机和变频器的响应。

3. 端子功能的设定

1）变频器出厂默认为两线制控制，DI1 为正转命令，DI2 为反转命令。

2）两段速的设置在"完整设置"→"通用功能"→"预置速度"中进行，可在此尝试将两段速的切换设置为 DI3 控制。

3）外部故障的设置在"完整设置"→"错误与报警处理"→"外部故障"中进行，可在此将其分配为 DI4 激活，也就是说当 DI4 激活时，会触发一个外部故障警告，变频器故障状态代码为 ETF，表明此故障不是变频器自身的故障，而是外部设备异常引起的故障。

4）故障复位的设置在"完整设置"→"故障复位"中进行，可在此将其分配为 DI5 激活。出现故障后，先消除故障原因，然后激活一下 DI5，激活脉冲的上升沿将复位状态。但是故障复位只能复位部分故障，比如外部故障，还有很多故障需要断电、排查故障原因并修复，然后重新上电才可以清除故障状态。

5）出厂默认速度给定信号为来自于 AI1 的模拟量输入信号，并且多段速信号中的第一段速由此信号给出。

6）试验正转、反转、多段速、外部故障触发和故障复位至熟练。变频器的状态可在面板的首行状态显示观察，更多变量的变化在显示菜单中观察。

4. 编码器信号的观察与核对

1）在"完整设置"→"集成编码器卡设置"中设置编码器的参数，如信号类型、电源电压和每转脉冲数等，保留编码器用途为无。

2）在"显示"→"变频器参数"中，注意变频器输出频率和测量的输出频率两个状态量，起动测量的输出频率为变频器从编码器反馈的脉冲频率折算成的频率值。在变频器驱动电动机转动时，测量的输出频率应随时与变频器输出频率符号相同、大小相等。起动变频器使电动机正转或反转，观察其是否一致。

3）如果测量的输出频率与变频器输出频率符号相同、大小相等，进入下一步。如果大小相等，符号相反，进入"完整设置"→"集成编码器接口设置"，设置编码器反向为"是"。如果符号相同，大小不一致，则检查编码器的每转脉冲数设置是否正确，或者编码器接线是否可靠，屏蔽层是否可靠接地。

4）编码器检查：进入"完整设置"→"集成编码器接口设置"，设置编码器检查为"请求检查"。然后起动变频器使电动机正转或反转，运行至电动机额定频率的30%以上。如果一切正常，3s后编码器检查参数自动变为检查完成，否则变频器会显示编码器检查错误故障，需要重新走步骤3）。

5. 闭环控制与开环控制的比较

1）在开环矢量控制（SVCU）状态下，起动电动机运行，在低速下，频率从0Hz变化到1Hz时，观察变频器的输出电流和输出频率是否稳定，在保证安全的情况下，用手抓握电动机的输出轴，感受是否有力，出力是否稳定。

2）在"完整设置"菜单→"电动机参数"中，设置电动机控制类型为闭环矢量控制。起动电动机，使其从低速到高速运行，观察变频器的输出是否稳定。重点在低速下，频率从0Hz变化到1Hz时观察变频器的输出电流和输出频率是否稳定，在保证安全的情况下，用手抓握电动机的输出轴，感受是否有力，出力是否稳定。

3）比较闭环矢量控制与开环矢量控制的区别。

4）在"完整设置"菜单→"集成编码器接口设置"中，改变编码器反向的设置，或者故意错误设置编码器的每转脉冲数。起动变频器，观察有哪些异常现象。

五、注意事项

1）图S-6中所示的STOA、STOB与24V电源必须用短接线短路，否则变频器会处于STO（安全转矩关断）状态而不能起动。

2）需要预制编码器接口接头以及编码器与编码器接口之间的电缆。引脚对应关系如图S-7所示，编码器接口引脚信号、功能及电气特征见表S-4。

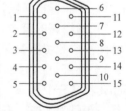

图 S-7 编码器接口引脚对应关系

表 S-4 编码器接口引脚信号、功能及电气特征

引脚	信号名	功能/含义	电气特征
1	DATA_A+	数据通道 A	RS422/RS485，R_{in} 为 121Ω，1Mbit 最大值
2	DATA_A-		
8	ENC_0V	编码器电源的参考电位或温度传感器的参考值	
10	DATA_B+	数据通道 B	RS422/RS485，R_{in} 为 121Ω，1Mbit 最大值
11	DATA_B-		

（续）

引脚	信号名	功能/含义	电气特征
15	ENC+5V_OUT	编码器电源 DC 5V	DC 5V/250mA
	屏蔽	信号线的总体电缆屏蔽	屏蔽层通过外壳在连接器中连接

3）正转、反转、两段速和外部故障均采用自锁定钮子开关，即可以锁定在 0 的位置和 1 的位置；故障复位采用自复位钮子开关，即通常处于 0 的位置，可以临时触发置 1。

六、思考与练习

比较闭环矢量控制与开环矢量控制的区别。

实训四 他励直流电动机的起动及反转

一、实训目标

1. 认识在实训过程中所用到的电动机、电源、仪表和变阻器等部件及使用方法。
2. 熟悉他励直流电动机（即并励直流电动机按他励方式使用）的接线和起动方法。
3. 熟悉他励直流电动机（即并励直流电动机按他励方式使用）的改变电动机转向方法。

二、实训复习

1. 如何正确选择使用仪器仪表，特别是电压表和电流表的量程？
2. 说明直流电动机起动时，励磁电源和电枢电源接入的前后顺序，停止时励磁电源和电枢电源关闭的前后顺序。
3. 直流电动机起动时，为什么在电枢电路中需要串联起动变阻器，不串联会产生什么严重后果？
4. 直流电动机起动时，励磁电路串联的磁场变阻器应调至什么位置？为什么？若励磁回路断开造成失磁时，会产生什么严重后果？
5. 直流电动机改变转向的方法。

三、实训设备

实训设备见表 S-5。

表 S-5　实训设备

序号	型号	名称	数量
1	MEC01	电源控制屏	1 套
2	MEC02	实训桌	
3	DD03-11	不锈钢电机导轨、测速光码盘	1 件
4	DJ15	并励直流电动机	1 台
5	DJ23	校正直流测功机	1 台

（续）

序号	型号	名称	数量
6	MEC21	直流数字式电压、毫安和安培表	2件
7	MEC25	智能型转矩、转速和输出功率测试仪	1件
8	MEC31	直流电枢电源及开关	1件
9	MEC41	变阻器(1)	1件
10	MEC42	变阻器(2)	1件
11	MEC43	变阻器(3)	1件

四、实训过程

1. 他励直流电动机的接线

接线方法如图 S-8 所示。图中电动机 M 选用 DJ15 并励直流电动机，但按他励方式接线，其额定功率 $P_N = 185W$，额定电压 $U_N = 220V$，额定电流 $I_N = I_a + I_{f1} = 1.2A$，额定转速 $n_N = 1600r/min$，额定励磁电流 $I_{fN} < 0.16A$；校正直流测功机 MG 选用 DJ23，作为测功机使用，按他励发电机方式连接，在此作为他励直流电动机 M 的负载，用于测量 M 的转矩和输出功率；RE 旋转编码器（测速系统）选用 DD03-11 导轨；将 M、MG 及 RE 之间用橡胶联轴器直接连接好并用偏心螺钉固定在 DD03-11 上；直流电流表 A_3、A_4 选用 MEC21，直流毫安表 A_1、A_2 选用 MEC21，直流电压表 V_1、V_2 选用 MEC21；RP_{f1} 用 MEC42 的 900Ω 串联 900Ω 共 1800Ω 阻

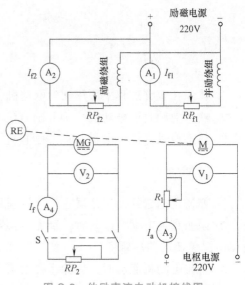

图 S-8 他励直流电动机接线图

值作为他励直流电动机 M 的磁场调节电阻；RP_{f2} 选用 MEC43 的 900Ω 串联 900Ω 共 1800Ω 阻值的变阻器作为测功机 MG 的磁场调节电阻；RP_1 选用 MEC42 的 90Ω 串联 90Ω 共 180Ω 阻值作为他励直流电动机 M 的起动电阻；RP_2 选用 MEC41 上的 900Ω 串联 900Ω 加上 900Ω 并联 900Ω 共 2250Ω 阻值作为测功机 MG 的负载电阻（当负载电流 I_f 大于 0.4A 时用并联部分，而将串联部分的阻值调到最小并用导线短路）；开关 S 选用 MEC31，用于控制负载 R_2 的通断。

接好线后，检查 M、MG 及 RE 之间是否用橡胶联轴器连接好，偏心螺钉是否拧紧。通过转速线将 DD03-11 与 MEC25 连接起来；通过电流线将 DJ23 与 MEC25 连接起 ［护套头（红为 "+"，黑为 "-"）串联入 DJ23 校正直流测功机电枢负载回路中］。

2. 他励直流电动机的起动与停机步骤

1）检查接线是否正确，电表的极性、量程选择是否正确，电动机励磁回路接线是否牢固。然后，将电动机 M 的电枢串联起动电阻 RP_1、测功机 MG 的负载电阻 RP_2，并将磁场调节电阻 RP_{f2} 调到阻值最大位置，M 的磁场调节电阻 RP_{f1} 调到最小位置，断开开关 S，并确

认 MEC31 电枢电源开关处于关闭状态。

2）打开控制屏上的电源总开关，按下"起动"按钮，接通励磁电源开关，观察 M 及 MG 的励磁电流值（用 A_1、A_2 表观察），调节 RP_{f2} 使 I_{f2} 等于校正值（100mA）并保持不变，再接通 MEC31 的电枢电源开关，顺时针调节"电压调节"旋钮，使 M 起动。

3）M 起动后观察 MEC25 数字转速表显示转速是否为正，若为负，即要停机改变 M 的电枢接线极性。调节 MEC31 上的"电压调节"旋钮，使输出电压为 220V，减小起动电阻 RP_1 阻值，直至为零，电动机 M 的起动过程结束。

4）停机，先切断电枢电源使电动机 M 停机，同时将电枢串联起动电阻 RP_1 调回最大值位置，磁场调节电阻 RP_{f1} 调到最小值位置，再关闭励磁电源，最后关闭电源总开关，停机结束。

3. 改变他励直流电动机的转向

1）按"他励直流电动机的起动与停机步骤"起动他励直流电动机，观察转向，记录于表 S-6 中。

2）按"他励直流电动机的起动与停机步骤"停机，将电枢电源的两端接线对调，起动他励直流电动机，观察转向，记录于表 S-6 中。

3）按"他励直流电动机的起动与停机步骤"停机，将励磁电源的两端接线对调，起动他励直流电动机，观察转向，记录于表 S-6 中。

表 S-6 实训数据记录表

序号	操作内容	转向情况
1	接线未做改变	
2	电枢电源的两端接线对调	
3	励磁电源的两端接线对调	

五、注意事项

1. 他励直流电动机起动时，须将励磁电路串联的电阻（磁场调节电阻）RP_{f1} 调至最小，先接通励磁电源使励磁电流最大，同时必须将电枢串联起动电阻 RP_1 调至最大，电枢电源输出电压调到最小（即"电压调节"旋钮逆时针到底），然后方可接通电枢电源开关，调节电枢电源输出电压使电动机正常起动，起动后将起动电阻 RP_1 调至零使电机工作在额定电压下。

2. 他励直流电动机停机时，必须先切断电枢电源，然后断开励磁电源。同时必须将电枢串联的起动电阻 RP_1 调回到最大值，励磁电路串联的电阻（磁场调节电阻）RP_{f1} 调回到最小值，为下次起动做好准备。

3. 测量前注意仪表的量程、极性及其接法是否符合要求。

六、思考与练习

1. 说明电动机起动时，起动电阻 RP_1 和磁场调节电阻 RP_{f1} 应调到什么位置？为什么？

2. 在电动机带负载运行时，增大电枢电路的调节电阻 RP_1，电动机的转速如何变化？增大励磁回路的调节电阻 RP_{f1}，转速又如何变化？

3. 用什么方法可以改变直流电动机的转向？

4. 在他励直流电动机起动时，为什么要在打开励磁电源后才能打开电枢电源？停机时，为什么要断开电枢电源后才能断开励磁电源？

5. 为什么要求他励直流电动机励磁电路的接线牢固？为什么起动时电枢电路必须串联起动变阻器或者必须将电枢电源输出电压调至最小？

实训五　他励直流电动机的制动

一、实训目标

1. 掌握他励直流电动机的能耗制动方法。
2. 掌握他励直流电动机的反接制动方法。

二、实训复习

1. 电动机制动的概念是什么？在电力拖动系统中，能耗制动的作用与应用场合各是什么？能耗制动的特点是什么？
2. 在电力拖动系统中，反接制动的作用与应用场合各是什么？反接制动的特点是什么？

三、实训设备

实训设备见表 S-7。

表 S-7　实训用仪器设备

序号	型号	名称	数量
1	MEC01	电源控制屏	1 套
2	MEC02	实训桌	
3	DD03-11	不锈钢电动机导轨、测速光码盘	1 台
4	DJ15	并励直流电动机	1 台
5	DJ23	校正直流测功机	1 台
6	MEC21	直流数字式电压、毫安和安培表	2 件
7	MEC25	智能型转矩、转速和输出功率测试仪	1 件
8	MEC31	直流电枢电源及开关组件	1 件
9	MEC41	变阻器（1）	1 件
10	MEC42	变阻器（2）	1 件
11	MEC43	变阻器（3）	1 件
12		参数表	1 件
13		秒表	1 只

四、实训过程

1. 观察他励直流电动机的能耗制动接线图

按如图 S-9 所示电路接线。图中电动机 M 选用 DJ15 并励直流电动机（按他励方式接线），其额定功率 $P_N = 185W$，额定电压 $U_N = 220V$，额定电流 $I_N = I_a + I_{f1} = 1.2A$，额定转速 $n_N = 1600r/min$，额定励磁电流 $I_{fN} < 0.16A$；RE 旋转编码器（测速系统）选用 DD03-11 导轨；将 M、RE 之间用橡胶联轴器直接连接好并用偏心螺钉固定在 DD03-11 上；直流电流表 A_2 选用 MEC21，直流毫安表 A_1 选用 MEC21，直流电压表 V_1 选用 MEC21；RP_{f1} 用 MEC42 的 1800Ω 阻值作为直流他励电动机 M 的磁场调节电阻；RP_1 选用 MEC42 的 90Ω 串联 90Ω 共 180Ω 阻值作为他励直流电动机 M 的起动电阻；RP_2 选用 MEC43 上的 90Ω 串联 90Ω，并将 RP_2 阻值调为 100Ω（注意：$RP_2 > 70Ω$），作为电枢绕组的制动电阻；开关 S1、S2 选用 MEC31 组件，分别用于控制直流电枢电源、制动电阻 RP_2 的通断。

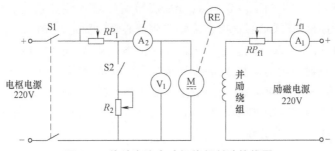

图 S-9　他励直流电动机能耗制动接线图

接好线后，检查 M、MG 及 RE 之间是否用橡胶联轴器连接好，偏心螺钉是否打紧。通过转速线将 DD03-11 与 MEC25 连接起来；通过电流线将 DJ23 与 MEC25 连接起来［护套头（红为"+"，黑为"-"）串联入 DJ23 校正直流测功机电枢负载回路中］。

2. 观察他励直流电动机能耗制动

首先观察他励直流电动机的自由停机。

1）按"他励直流电动机的起动与停机步骤"起动他励直流电动机（注意 RP_{f1} 电阻调节的位置）：

首先检查接线是否正确，电表的极性、量程选择是否正确，电动机励磁回路接线是否牢固。然后，将电动机 M 的电枢串联起动电阻 RP_1 调到阻值最大位置，M 的磁场调节电阻 RP_{f1} 调到最小位置，断开开关 S1、S2，并确认 MEC31 电枢电源开关处于关闭状态。

开启控制屏上的电源总开关，按下"起动"按钮，接通励磁电源开关，观察 M 的励磁电流值（用 A_1 表观察），闭合开关 S1，再接通 MEC31 的电枢电源开关，顺时针调节"电压调节"旋钮，使 M 起动。

M 起动后观察 MEC25 数字转速表显示转速是否为正，若为负，即要停机改变 M 的电枢接线极性。调节 MEC31 上的"电压调节"旋钮，使输出电压为 220V，减小起动电阻 RP_1 的阻值，直至为零，电动机 M 的起动过程结束。

2）M 起动正常后，将其电枢电源的输出电压调整到 220V（用 V_1 表观察）。

3）调节 RP_{f1} 及调整他励直流电动机 M 的电枢电源电压，使电动机达到额定值 $U = U_N = 220V$、$n = n_N = 1600r/min$（用 MEC25 表观察）。

4）断开开关 S1，观察电动机自由停机的时间（用秒表记录）、A_2 表及 V_1 表的变化。再按"他励直流电动机的起动与停机步骤"停止电动机。

再观察他励直流电动机能耗制动下的停机。

1）查看 RP_2 阻值是否调为 100Ω，开关 S2 要处于断开位置，参照自由停机时的步骤 1）、2）和 3）重新起动电动机，使电动机达到额定值，即 $U=U_N=220V$、$n=n_N=1600r/min$（用 MEC25 表观察）。

2）断开开关 S1，迅速闭合开关 S2，观察电动机自由停机的时间（用秒表记录），A_2 表及 V_1 表的变化。再按"他励直流电动机的起动与停机步骤"停止电动机。

3. 观察他励直流电动机的反接制动的接线

按如图 S-10 所示电路接线。图中电动机 M 选用 DJ15 并励直流电动机（按他励方式接线），其额定功率 $P_N=185W$，额定电压 $U_N=220V$，额定电流 $I_N=I_a+I_{fl}=1.2A$，额定转速 $n_N=1600r/min$，额定励磁电流 $I_{fN}<0.16A$；RE 旋转编码器（测速系统）选用 DD03-11 导轨；将 M、RE 之间用橡胶联轴器直接连接好并用偏心螺钉固定在 DD03-11 上；直流电流表 A_2 选用 MEC21，直流毫安表 A_1 选用 MEC21，直流电压表 V_1 选用 MEC21；RP_{fl} 用 MEC42 的 1800Ω 阻值作为他励直流电动机 M 的磁场调节电阻；R_2 选用 MEC43 的 2 只 900Ω 并联加上 2 只 90Ω 串联共 630Ω 阻值，将 R_2 阻值调为 200Ω（先调 2 个 900Ω 并联部分，注意：$RP_2 \geq 200Ω$），作为电枢绕组的制动电阻；开关 S1、S2 选用 MEC31 组件，分别用于控制直流电枢电源、制动电阻 R_2 的通断。

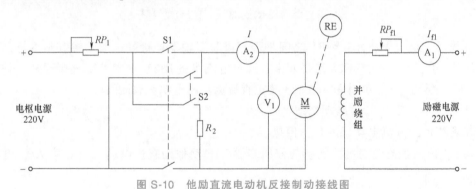

图 S-10　他励直流电动机反接制动接线图

接好线后，检查 M、MG 及 RE 之间是否用橡胶联轴器连接好，偏心螺钉是否打紧。通过转速线将 DD03-11 与 MEC25 连接起来；通过电流线将 DJ23 与 MEC25 连接起 [护套头（红为"+"，黑为"-"）串联入 DJ23 校正直流测功机电枢负载电路中]。

4. 观察他励直流电动机反接制动

首先观察他励直流电动机自由停机。

1）按"他励直流电动机的起动与停机步骤"起动他励直流电动机（注意 RP_{fl} 调节的位置）：

首先检查接线是否正确，电表的极性、量程选择是否正确，电动机励磁电路接线是否牢固。然后，将电动机 M 的电枢串联起动电阻 RP_1 调到阻值最大位置，M 的磁场调节电阻 RP_{fl} 调到最小位置，断开开关 S1、S2，并确认 MEC31 电枢电源开关处于关闭状态。

开启控制屏上的电源总开关，按下"起动"按钮，接通励磁电源开关，观察 M 的励磁电流值（用 A_1 表观察），闭合开关 S1，再接通 MEC31 的电枢电源开关，顺时针调节"电压调节"旋钮，使 M 起动。

M 起动后观察 MEC25 数字转速表显示转速是否为正，若为负，即要停机改变 M 的电枢接线极性。调节 MEC31 上的"电压调节"旋钮，使输出电压为 220V，减小起动电阻 RP_1 阻值，直至短接，电动机 M 的起动过程结束。

2) M 起动正常后，将其电枢电源的输出电压调整到 220V（用 V_1 表观察）。

3) 调节 RP_{f1} 及调整他励直流电动机 M 的电枢电源电压，使电动机达到额定值 $U = U_N = 220V$、$n = n_N = 1600r/min$（用 MEC25 表观察）。

4) 断开开关 S1，观察电动机自由停机的时间（用秒表记录）和 A_2 表及 V_1 表的变化。再按"他励直流电动机的起动与停机步骤"停止电动机。

再观察他励直流电动机反接制动下停机。

1) 查看 R_2 阻值是否调为 200Ω，开关 S2 要处于断开位置，参照自由停机时的步骤 1)、2) 和 3) 重新起动电动机，使电动机达到额定值，$U = U_N = 220V$、$n = n_N = 1600r/min$（用 MEC25 表观察）。

2) 断开开关 S1，迅速闭合开关 S2，观察电动机自由停机的时间（用秒表记录），A_2 表及 V_1 表的变化。当电动机转速接近零时，则迅速断开开关 S2，否则电动机将进入反转运行状态，再按"他励直流电动机的起动与停机步骤"停止电动机。

五、注意事项

1. 每次起动他励直流电动机时，都要按"他励直流电动机的起动与停机步骤"起动；每次停机时，都要先切断电枢电源，再切断励磁电源。

2. 调节他励直流电动机的磁场电阻 RP_{f1} 时，动作要慢，不然励磁电流 I_{f1} 突然变化会引起转速突变，不利于测试，同时磁场电阻 RP_{f1} 不宜过小，以防止励磁电流 I_{f1} 过小而引起电动机"飞车"。

3. 实训前注意仪表的种类、量程、极性及其接法是否正确。

六、思考与练习

1. 他励直流电动机能耗制动的优缺点是什么？
2. 他励直流电动机能耗制动电阻该怎样选择？
3. 他励直流电动机反接制动的优缺点是什么？
4. 比较他励直流电动机能耗制动与反接制动的不同点。

实训六　他励直流电动机的调速

一、实训目标

1. 学会直流电动机三种调速方法的接线和操作使用。
2. 掌握三种调速方法的特点和调速方式。

二、实训复习

直流电动机的调速原理是什么？各有什么特点？

三、实训设备

实训设备见表 S-8。

表 S-8　实训用仪器设备

序号	型号	名称	数量
1	MEC01	电源控制屏	1 套
2	MEC02	实训桌	
3	DD03-11	不锈钢电动机导轨、测速光码盘	1 件
4	DJ15	并励直流电动机	1 台
5	DJ23	校正直流测功机	1 台
6	MEC21	直流数字式电压、毫安和安培表	2 件
7	MEC25	智能型转矩、转速和输出功率测试仪	1 件
8	MEC31	直流电枢电源及开关组件	1 件
9	MEC41	变阻器(1)	1 件
10	MEC42	变阻器(2)	1 件
11	MEC43	变阻器(3)	1 件

四、实训过程

1. 他励直流电动机的接线

按如图 S-11 所示电路接线。图中电动机 M 选用 DJ15 并励直流电动机（按他励方式接线），其额定功率 $P_N = 185W$，额定电压 $U_N = 220V$，额定电流 $I_N = I_a + I_{f1} = 1.2A$，额定转速 $n_N = 1600r/min$，额定励磁电流 $I_{fN} < 0.16A$；校正直流测功机 MG 选用 DJ23，按他励发电机方式连接，在此作为他励直流电动机 M 的负载，用于测量 M 的转矩和输出功率；RE 旋转编码器（测速系统）选用 DD03-11 导轨；将 M、MG 及 RE 之间用橡胶联轴器直接连接好并用偏心螺钉固定在 DD03-11 上；直流电流表 A_3、A_4 选用 MEC21，直流毫安表 A_1、A_2 选用 MEC21，直流电压表 V_1、V_2 选用 MEC21；RP_{f1} 用

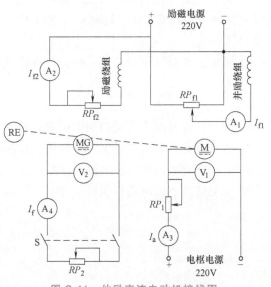

图 S-11　他励直流电动机接线图

MEC42 的 900Ω 阻值，采用分压接法，作为直流他励电动机 M 的磁场调节电阻；RP_{f2} 选用 MEC43 的 900Ω 串联 900Ω 共 1800Ω 阻值的变阻器作为测功机 MG 的磁场调节电阻；RP_1 选用 MEC42 的 90Ω 串联 90Ω 共 180Ω 阻值作为他励直流电动机 M 的起动电阻；RP_2 选用 MEC41 上的 900Ω 串联 900Ω 再加上 900Ω 并联 900Ω 共 2250Ω 阻值作为测功机 MG 的负载电阻（当负载电流 I_f 大于 0.4A 时用并联部分，而将串联部分阻值调到最小并用导线短路）；

开关 S 选用 MEC31，用于控制负载 RP_2 的通断。

接好线后，检查 M、MG 及 RE 之间是否用橡胶联轴器连接好，偏心螺钉是否紧固。通过转速线将 DD03-11 与 MEC25 连接起来；通过电流线将 DJ23 与 MEC25 连接起来［护套头（红色为"+"，黑色为"-"）串联入 DJ23 校正直流测功机电枢负载电路中］。

2. 测取他励直流电动机电枢串联电阻的调速特性

1）按"他励直流电动机的起动与停机步骤"起动他励直流电动机（注意 RP_{f1} 电阻调节的位置）：

首先检查接线是否正确，电表的极性、量程选择是否正确，电动机励磁电路接线是否牢固。然后，将电动机 M 的电枢串联起动电阻 RP_1、测功机 MG 的负载电阻 RP_2，将磁场调节电阻 RP_{f2} 调到阻值最大位置，M 的磁场调节电阻 RP_{f1} 调到中间位置，断开开关 S，并确认 MEC31 电枢电源开关处于关闭状态。

开启控制屏上的电源总开关，按下"起动"按钮，接通励磁电源开关，观察 M 及 MG 的励磁电流值（用 A_1、A_2 表观察），调节 RP_{f2} 使 I_{f2} 等于校正值（100mA）并保持不变，再接通 MEC31 的电枢电源开关，顺时针调节"电压调节"旋钮，使 M 起动。

M 起动后观察 MEC25 数字转速表显示转速是否为正，若为负，即要停机改变 M 的电枢接线极性。调节 MEC31 上的"电压调节"旋钮，使输出电压为 220V，减小起动电阻 RP_1 阻值，直至为零，电动机 M 的起动过程结束。

2）M 起动正常后，将其电枢电源的输出电压调整到 220V（用 V_1 表观察）。

3）调节校正直流测功机 MG 磁场调节电阻 RP_{f2}，使励磁电流 I_{f2} 为校正值 100mA（用 A_2 表观察），并在此整个测试过程中保持此校正值 100mA 不变。

4）合上开关 S，调节校正直流测功机 MG 的负载电阻 RP_2（减小 RP_2 的阻值，先减小串联部分，当负载电流 I_f 大于 0.4A 时使用并联部分，而将串联部分阻值调到最小并用导线短路）、他励直流电动机 M 的磁场调节电阻 RP_{f1} 及调整他励直流电动机 M 的电枢电源电压为 220V，使电动机达到额定值 $U = U_N = 220V$、$n = n_N = 1600r/min$（用 MEC25 表观察）、$P_2 = P_N = 185W$（用 MEC25 表观察），此时电动机 M 的励磁电流 I_{f1} 即为额定励磁电流 I_{f1N}，记录此数值。

5）保持 $U = U_N$、$I_{f1} = I_{f1N}$、I_{f2} 为校正值 100mA 不变的条件下，减小他励直流电动机 M 的负载（操作方法：增大 RP_2 阻值，即减小测功机负载电流 I_f，先增大其并联部分阻值，并联部分的阻值增到最大后，将串联部分短路导线拆除，再增大串联部分的阻值，当 RP_2 增到最大后断开开关 S），使电动机 M 的 $I_a = 0.5I_{aN} \approx 0.55A$，记录下此时电动机的输出转矩 T_2 及测功机 MG 的 I_f 值。

6）保持此时的 T_2 值（即 I_f 值）和 $I_{f1} = I_{f1N}$ 不变，逐次增加电动机 M 的电枢串联起动电阻 RP_1 的阻值，即在降低电动机 M 电枢两端的电压 U_a（用 V_1 表观察）和调节测功机 MG 的负载 RP_2 以保持此时的 T_2 值（即 I_f 值）不变。从 RP_1 由零调至最大值，每次测取电动机 M 的端电压 U_a、转速 n 和电枢电流 I_a，共取数据 7~9 组，记录于表 S-9 中。测试完毕后可不用停机直接进入到下一个测试。

3. 测取他励直流电动机改变电枢电压的调速特性

1）参考"测取他励直流电动机电枢串电阻的调速特性"的步骤 2）、3）和 4）起动电动机，保持 $U = U_N$、$I_{f1} = I_{f1N}$、I_{f2} 为校正值 100mA 不变的条件下，减小他励直流电动机 M 的负载（操作方法：增大 RP_2 阻值，即减小测功机负载电流 I_f，先增大其并联部分阻值，并联部分的阻值增到最大后，将串联部分短路导线拆除，再增大串联部分的阻值，当 RP_2 增到最大后断开开关 S），使电动机 M 的 $I_a = 0.5I_{aN} \approx 0.55\text{A}$，记录下此时电动机的输出转矩 T_2 及测功机 MG 的 I_f 值。

表 S-9　实训数据记录表（一）

U_a/V								
$n/\text{r} \cdot \text{min}^{-1}$								
I_a/A								

2）保持此时的 T_2 值（即 I_f 值）和 $I_{f1} = I_{f1N}$ 不变，调节"电压调节"旋钮，逐次降低电动机 M 电枢两端的电压 U_a（用 V_1 表观察）和调节测功机 MG 的负载 RP_2 以保持此时的 T_2 值（即 I_f 值）不变。从 RP_1 由零调至最大值，每次测取电动机 M 的端电压 U_a、转速 n 和电枢电流 I_a，共取数据 7~9 组，记录于表 S-10 中。测试完毕后不用停机，直接进入到下一个测试。

表 S-10　实训数据记录表（二）

U_a/V								
$n/\text{r} \cdot \text{min}^{-1}$								
I_a/A								

4. 测取他励直流电动机改变励磁的调速特性

1）参考"测取他励直流电动机电枢串电阻的调速特性"的步骤 2）和 3）起动电动机，磁场调节电阻 RP_{f1} 调至使电动机 M 的励磁电流 I_{f1}（用 A_1 表观察）为最大的位置，调节测功机 MG 的磁场调节电阻 RP_{f2} 使 I_{f2} 调至校正值 100mA，再调节负载电阻 RP_2、电枢电压 U，使电动机 M 的 $U = U_N = 220\text{V}$，$I_{aM} = 0.5I_N \approx 0.55\text{A}$，记录下此时电动机 M 的输出转矩 T_2 及测功机 MG 的 I_f 值（用 MEC25 表观察），在此试验过程中保持此时的 T_2 值（即 I_f 值）和 $U = U_N = 220\text{V}$ 不变。

2）保持此时的 T_2 值（即 I_f 值）和 $U = U_N$ 不变，逐次调节电动机 M 的磁场调节电阻 RP_{f1} 使电动机 M 的励磁电流 I_{f1} 减小（用 A_1 表观察），提高电动机 M 转出转速 n（用 MEC25 表观察），同时调节测功机 MG 的负载 RP_2 和电动机 M 的电枢电压 U 以保持此时的 T_2 值（即 I_f 值）和 U_N 值不变。直至电动机 M 的输出转速 $n = 1.3n_N = 2080\text{r/min}$ 为止，期间测取电动机 M 的转速 n、励磁电流 I_{f1} 和电枢电流 I_a。共取数据 7~9 组，记录于表 S-11 中。

表 S-11　$I_{f2} = 100\text{mA}$　$U = U_N = \underline{\hspace{2cm}}$ V　$I_f = \underline{\hspace{2cm}}$ A（$T_2 = \underline{\hspace{2cm}}$ N·m）

n								
I_{f1}/mA								
I_a/A								

3）停机时先切断电枢电源，使电动机 M 停机，同时将电枢串联起动电阻 RP_1 调回最大值位置，磁场调节电阻 RP_{f1} 调到最小值位置，再关闭励磁电源，拆除导线、电动机，最后关闭实训装置电源总开关。

五、注意事项

1. 起动前先将磁场调节电阻 RP_{f1} 调到中间位置；

2. 调节过程中要仔细观察电流表，励磁电路要防止"失磁"情况发生，负载电路要防止电流超过电阻或电动机最大电流，以免烧坏仪器设备；

3. 在完成"电枢串联电阻调速"和"改变励磁调速"部分时，注意电阻要慢慢调节，以防止电阻突变，造成测量不稳定。

六、思考与练习

1. 他励直流电动机有哪几种调速方法？各有什么特点？电枢电路串联电阻调速和改变励磁调速分别属于哪种调速方式？

2. 改变励磁调速的机械特性为什么在固有机械特性上方？改变电枢电压调速的机械特性为什么在固有机械特性下方？

3. 当直流电动机的负载转矩和励磁电流不变时，减小电枢电压为什么会引起电动机转速降低？

4. 当直流电动机的负载转矩和电枢电压不变时，减小励磁电流为什么会引起电动机转速升高？

参 考 文 献

[1] 王本轶. 机电设备控制基础 [M]. 2版. 北京：机械工业出版社，2015.

[2] 孟宪芳. 电机及拖动基础 [M]. 3版. 西安：西安电子科技大学出版社，2015.

[3] 葛芸萍. 电机拖动与电气控制 [M]. 北京：机械工业出版社，2018.